Manfred Kuballa
Jens Schorn

Chemie

POCKET TEACHER

Cornelsen
SCRIPTOR

Die Autoren
Dr. Manfred Kuballa war Studienrat für Chemie und Physik. Jens Schorn ist Studiendirektor für Chemie und Biologie.

Bibliografische Information der Deutschen Nationalbibliothek
Die Deutsche Nationalbibliothek verzeichnet diese Publikation in der Deutschen Nationalbibliografie; detaillierte bibliografische Daten sind im Internet über http://dnb.d-nb.de abrufbar.

4., aktualisierte Auflage

D C B A
Bibliographisches Institut GmbH
Bouchéstraße 12, 12435 Berlin

Redaktionelle Leitung: Heike Krüger-Beer
Redaktion: Dirk Michel, Claudia Fahlbusch
Herstellung: Andreas Preising
Umschlaggestaltung: glas AG, Seeheim-Jugenheim
Umschlagabbildung: © Teerapun Fuangtong – Fotolia.com
Satz: Buchprojekt, Ernen (Schweiz)
Druck und Bindung: Offizin Andersen Nexö Leipzig GmbH
Spenglerallee 26–30, 04442 Zwenkau
Printed in Germany

ISBN 978-3-411-87105-6

Inhalt

Vorwort

Liebe Schülerin, lieber Schüler!
Dieser handliche POCKET TEACHER bringt dir viele Vorteile: Er informiert knapp und genau. Regeln, Erklärungen, Beispiele, Tabellen – alles ist übersichtlich geordnet und leicht verständlich.
Du kannst die gewünschten Infos am schnellsten über das Stichwortverzeichnis am Ende des Bandes finden.
Stichwort vergessen? Dann schau am besten ins Inhaltsverzeichnis und such im entsprechenden Kapitel nach dem Wort! Im Text deines POCKET TEACHER findest du viele farbige Pfeile. Diese verweisen auf andere Stellen im Buch.

Der POCKET TEACHER Chemie stellt die wichtigsten Stoffgebiete, chemischen Gesetze und Reaktionen dar, die zum Stoff der Sekundarstufe I gehören. Ergänzt sind Darstellungen von einigen großtechnischen Prozessen.

Der POCKET TEACHER Chemie ist vor allem für diejenigen gedacht, die einen klaren „roten Faden" haben möchten, der Ordnung in den ganzen „Formelkram" bringt. Daher sind die Kapitel anders aufgebaut als die Kapitel in einem Schulbuch. Sie folgen auch nicht immer dem Unterrichtsverlauf, sondern führen themenbezogen vom Einfachen zum Komplizierten. So kann es vorkommen, dass du beim Weiterlesen auf einen Text stößt, der in deinem Unterricht noch gar nicht durchgenommen wurde. An dieser Stelle kannst du dann einfach aufhören und woanders weiterlesen.

Lerncheck Am Ende jedes Kapitels werden die wichtigsten Inhalte in einer Checkliste abgefragt. So kannst du dein Wissen schnell testen. Entdeckst du noch Lücken, dann gibt es hier Hinweise, welche Seiten du noch einmal genau lesen solltest.

Natürlich kann die POCKET-TEACHER-Reihe ausführliche Schulbücher mit Übungen und Beispielen nicht ersetzen. Das soll sie auch nicht. Sie ist deine kleine Lernhilfenbibliothek für alle Gelegenheiten, besonders für Hausaufgaben oder für die Vorbereitung auf Klassenarbeiten. Zudem ist der POCKET TEACHER bestens zur Vorbereitung auf Abschlussprüfungen geeignet.

Aufbau von Stoffen

1.1 Stoffe und ihre Eigenschaften

Alle Gegenstände, die uns umgeben, bestehen aus den verschiedensten ***Stoffen***: aus Metall, aus Glas, aus Holz, aus Kunststoff, aus Stein, um einmal die wichtigsten zu nennen. Die Anzahl der in der Natur vorkommenden und vom Menschen geschaffenen Stoffe ist sehr groß. Um diese vielen Stoffe voneinander unterscheiden zu können, benötigt man daher die Kenntnis von *Eigenschaften*, mit deren Hilfe man die Stoffe kennzeichnen und beschreiben kann. Die wichtigsten Eigenschaften sind:

- Aussehen, Geruch, Geschmack,
- Schmelztemperatur, Siedetemperatur und damit verbunden der Aggregatzustand unter Normalbedingungen*,
- Dichte,
- elektrische Leitfähigkeit,
- Löslichkeit in Wasser bzw. in anderen Lösemitteln, wie z. B. Benzin,
- Verhalten beim Erhitzen.

Stoffgemisch und Reinstoff

Es gibt Stoffe, denen man schon ansieht, dass sie nicht einheitlich sind, sondern dass sie aus mehreren Stoffen bestehen, z. B. Granit. Solche Stoffe bezeichnet man als ***Stoffgemische***. Die einzelnen Bestandteile von Stoffgemischen bezeichnet man als ***Reinstoffe***.

BEISPIEL Granit besteht aus den Reinstoffen Quarz, Feldspat und Glimmer.

* Temperatur von 0 °C und Druck von 1013 hPa

Andere Stoffgemische lassen sich *nicht* so leicht als solche erkennen, z. B. Tee oder Kaffee.

Granit

MERKE Stoffgemische, deren Bestandteile sich mit dem bloßen Auge oder unter dem Mikroskop voneinander unterscheiden lassen, bezeichnet man als *heterogene* Stoffgemische. Stoffgemische, deren Bestandteile man nicht voneinander unterscheiden kann, sind *homogene* Stoffgemische.

Beide Gruppen werden nach den Aggregatzuständen ihrer Bestandteile weiter unterteilt:

Heterogene Stoffgemische

Bezeichnung	Zusammensetzung	Beispiel
Gemenge	fest und fest	Granit
Suspension	fest in flüssig	trübes Wasser
Emulsion	flüssig und flüssig	Milch
Rauch	fest in gasförmig	Rauch
Nebel	flüssig in gasförmig	Wolken

Homogene Stoffgemische

Bezeichnung	Zusammensetzung	Beispiel
Lösungen	fest mit fest	Legierungen
	flüssig mit flüssig	Essig
	gasförmig mit gasförmig	Luft
	fest gelöst in flüssig	Salzwasser
	gasförmig gelöst in flüssig	Mineralwasser
	flüssig gelöst in gasförmig	feuchte Luft

BEACHTE Heterogene Stoffgemische können ihrerseits auch Mischungen aus homogenen Stoffgemischen sein. So besteht z. B. trübes Meerwasser aus einer *Lösung* von Salz in Wasser, in der *unlösliche* Bestandteile suspendiert sind.

Woran erkennt man einen Reinstoff?

Da homogene Stoffgemische genauso aussehen wie Reinstoffe, kann man sie mit dem Auge nicht von diesen unterscheiden. Sie unterscheiden sich jedoch – abgesehen von einigen Ausnahmen – in ihrem *Schmelz- und Siedeverhalten*. Zur Untersuchung dieses Verhaltens werden die Stoffe erwärmt. Dabei wird die Änderung der Temperatur in Abhängigkeit von der Zeit beobachtet:

Reinstoffe besitzen einen Schmelz- und Siede*punkt*: Solange der Stoff schmilzt bzw. siedet, bleibt seine Temperatur konstant.

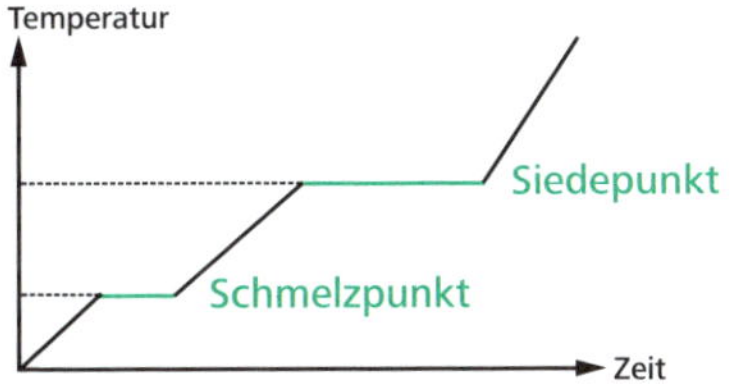

Stoffgemische besitzen einen Schmelz- und Siede*bereich*: Die Temperatur steigt während des Schmelzens bzw. Siedens weiter an.

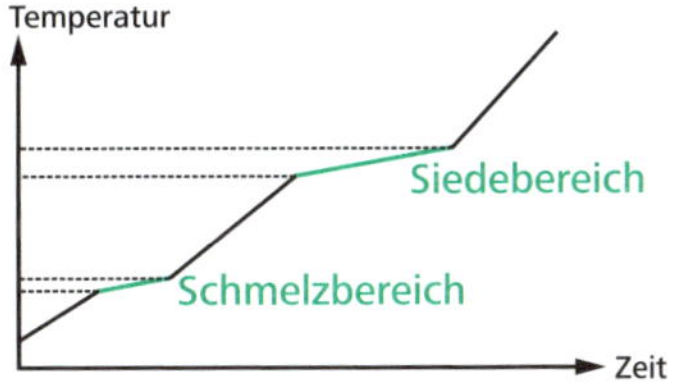

Trennung von Stoffgemischen

Es gibt viele verschiedene Trennverfahren. Vor allem bei *festen* Stoffgemischen sind sie meistens stoffspezifisch.

Die folgende Übersicht zeigt die grundlegenden Trennverfahren, die für viele heterogene bzw. homogene Stoffgemische anwendbar sind:

Trennung von Stoffgemischen:
- Suspension durch Filtrieren
- Emulsion durch Abscheiden
- Lösung durch Destillieren

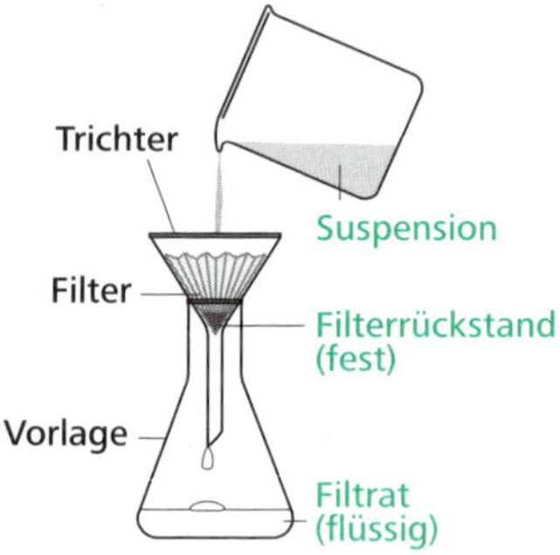

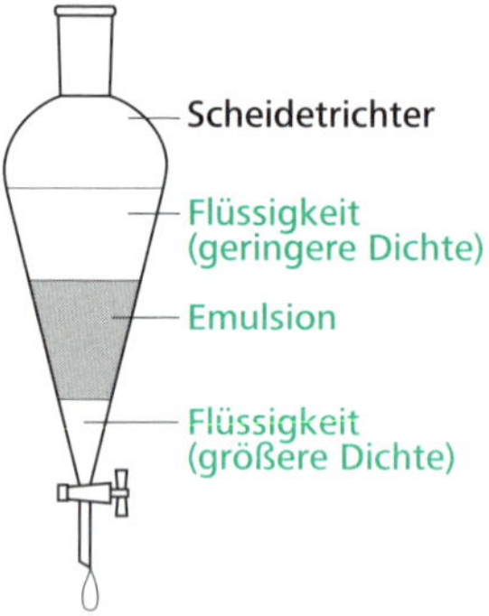

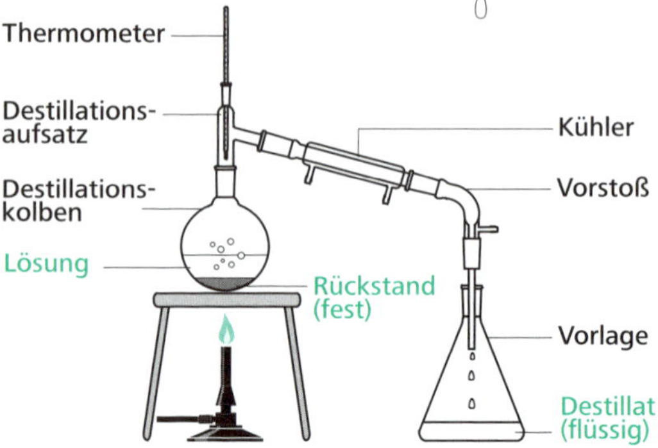

1.2 Feinstruktur der Materie – Teilchenmodell

„Mikroskopisch betrachtet“ ist die Materie aus kleinsten Teilchen zusammengesetzt. Mit einem Mikroskop kann man sie allerdings nicht sehen, so klein sind sie. Deshalb macht man sich von ihnen eine bildliche Vorstellung in Form eines ***Modells***, ohne zu wissen, wie diese Teilchen wirklich aussehen.

Aggregatzustände

Stoffe kommen in drei Aggregatzuständen vor – im festen, im flüssigen und im gasförmigen. Aus ihren Eigenschaften kann man auf die Anordnung der Teilchen in den drei Aggregatzuständen schließen:

fest	**flüssig**	**gasförmig**
 Der Stoff passt sich einer vorgegebenen Form *nicht* an.	 Der Stoff passt sich einer vorgegebenen Form an, er hat dabei eine Oberfläche.	 Der Stoff passt sich einer vorgegebenen Form an, er hat aber *keine* Oberfläche.
 Der Stoff lässt sich praktisch *nicht* zusammendrücken.	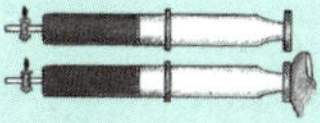 Der Stoff lässt sich praktisch *nicht* zusammendrücken.	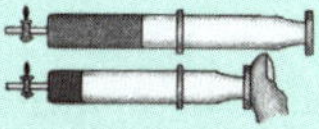 Der Stoff lässt sich *leicht* zusammendrücken.
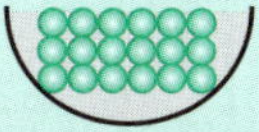 Die Teilchen sind dicht und regelmäßig angeordnet, sie haben *festen* Zusammenhalt.	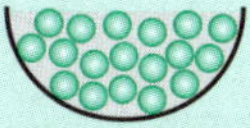 Die Teilchen sind dicht, aber *unregelmäßig* angeordnet, sie sind gegeneinander *verschiebbar*.	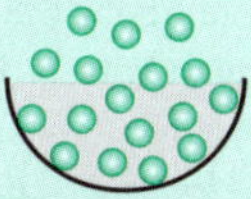 Die Teilchen sind *frei beweglich* und *ungeordnet*.

Die Atomhypothese

Schon im Altertum entwickelten die beiden griechischen Gelehrten ***Leukipp*** und ***Demokrit*** die Vorstellung, dass man Materie nicht beliebig weit zerteilen kann, dass es vielmehr ein kleinstes Teilchen geben muss, das nicht weiter teilbar ist: das Atom (gr. *atomos*, unteilbar).

Diese Vorstellung wurde von ***John Dalton*** im Jahre 1803 wieder aufgenommen. In seiner Atomhypothese formulierte er dazu folgende Sätze:

1. Die kleinsten Teilchen der Materie sind die ***Atome,*** sie sind unteilbar.
2. Es gibt ebenso viele Atomarten wie Elemente (↗ S. 23).
3. Atome verschiedener Elemente unterscheiden sich in ihrer Masse.
4. Verbinden sich Elemente miteinander, so verbinden sich deren Atome in bestimmten Zahlenverhältnissen.

Atommasse

Die *Masse* von Atomen ist so unvorstellbar klein, dass sie sich nicht durch einfaches Auswiegen bestimmen lässt. Dalton konnte mithilfe der damals bekannten chemischen Gesetze (↗ S. 53) nur einige relative ***Atommassen*** angeben, die auf das Atom des leichtesten Elements, des Wasserstoffs, bezogen waren. Er wählte daher die Masse von Wasserstoff als ***Atommasseneinheit***, d. h., er setzte sie willkürlich auf 1. Auf diese Weise stellte er eine erste Atommassentabelle auf.

Die derzeit gültige Festlegung der Atommasseneinheit (1 u) bezieht sich auf $\frac{1}{12}$ der Masse des Kohlenstoffisotops C-12 (↗ S. 20).

1 u = 0,000 000 000 000 000 000 000 001 660 565 5 g

BEACHTE Die Atommassen aller Elemente sind im Periodensystem der Elemente (↗ Umschlagklappe) enthalten.

Für die zusammengesetzten Teilchen einer Verbindung (↗ S. 23) gibt es je nach Art der Verbindung (↗ S. 45) zwei unterschiedliche Bezeichnungen:

Molekulare Stoffe: Die kleinste Einheit von molekularen Stoffen ist das Molekül (↗ S. 33). Seine Masse bezeichnet man als ***Molekülmasse***.

BEISPIEL Ein Wassermolekül besteht aus zwei Wasserstoffatomen und einem Sauerstoffatom. Die Molekülmasse von Wasser beträgt demnach 2 × 1 u + 1 × 16 u = 18 u.

Ionische Stoffe: Bei ionischen Stoffen gibt es *keine* kleinste Einheit. Man fasst die Masse von einem Ionen*paar* zusammen und bezeichnet sie als ***Formelmasse***.

BEISPIEL Die Formelmasse von Kochsalz (NaCl) beträgt 1 × 23 u + 1 × 35,5 u = 58,5 u.

Atomgröße

Auch die *Größe* von Atomen ist so gering, dass man sie nicht einfach ausmessen kann.

BEISPIEL Ein Eisenatom hat einen Durchmesser von 0,000 000 000 25 m.
Wenn man alle Eisenatome, die in einem Stecknadelkopf (Volumen 1 mm^3) enthalten sind, zu einer „Perlenkette" aufreihen könnte, hätte diese eine Länge von 21 000 000 km!

Atommodelle

Die Vorstellungen vom Atom haben sich seit Dalton mehrfach verändert. Immer dann, wenn neue Erkenntnisse mit dem bestehenden Modell nicht mehr erklärt werden konnten, wurde daraus ein „besser passendes“ entwickelt.

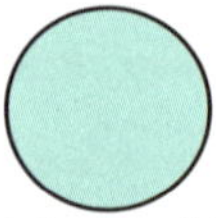
Daltonmodell

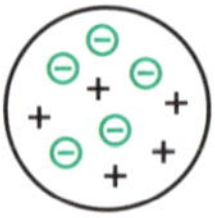
Thomsonmodell

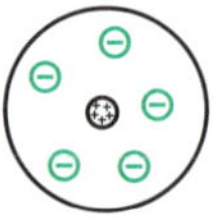
Kern-Hülle-Modell

BEACHTE Atommodelle sind weder „richtig“ noch „falsch“. Sie sind immer nur in einem bestimmten Bereich *brauchbar*.

Daltonmodell

Die einfachste Vorstellung von einem Atom geht auf Daltons Atomhypothese zurück. Sie beschreibt das Atom als Kugel.
Mit dem Daltonmodell lassen sich die chemischen Gesetze (↗ S. 53) erklären, z. B. das Gesetz von der Erhaltung der Masse und das Gesetz der konstanten Massenverhältnisse.

Thomsonmodell

Viele Stoffe, z. B. Metalle und Lösungen von Salzen, zeigen eine elektrische Leitfähigkeit: Sie leiten den elektrischen Strom. Zur Erklärung dieser Eigenschaft reicht das einfache Daltonmodell nicht mehr aus, wohl aber ein differenziertes, das ***Thomsonmodell***.

- Das Atom besteht aus einer elektrisch positiv geladenen Kugel, in die elektrisch negativ geladene ***Elektronen*** eingelagert sind.
- Die Atome sind nach außen elektrisch neutral, können jedoch Elektronen abgeben oder zusätzlich aufnehmen. Dann entstehen aus den Atomen elektrisch geladene *Ionen* (↗ S. 30): *positiv* geladene bei Elektronen*abgabe* und *negativ* geladene bei Elektronen*aufnahme*.

BEISPIEL Im *Metall* befinden sich zwischen ortsfesten positiv geladenen *Atomrümpfen* frei bewegliche Elektronen, die die elektrische Leitfähigkeit ermöglichen.

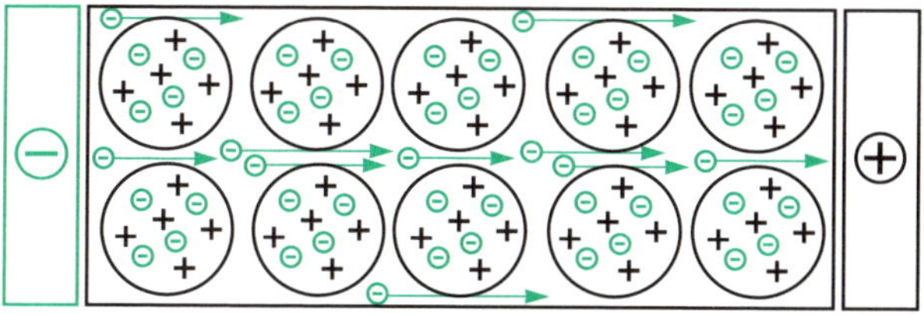

Salzlösungen enthalten positiv geladene Ionen und negativ geladene Ionen, die *alle* frei beweglich sind und die elektrische Leitfähigkeit ermöglichen.

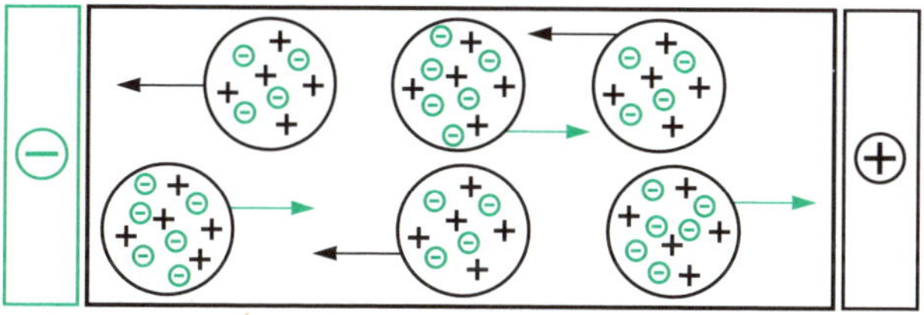

Kern-Hülle-Modell

Nach einem Versuch von ***Philipp Lenard*** (1862–1947) sind schnelle Elektronen* in der Lage, eine dünne Folie aus Aluminium völlig ungehindert zu durchdringen, als ob die Folie gar nicht vorhanden wäre.

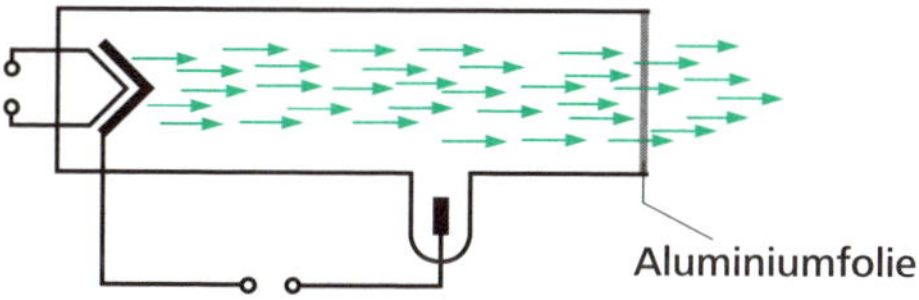

* Sie werden in einer Apparatur freigesetzt, die ähnlich wie die Bildröhre eines Fernsehapparats funktioniert.

Ein ähnliches Ergebnis erbrachte ein Versuch im Institut von ***Ernest Rutherford*** (1871–1937) mit Teilchen der α-Strahlung (vgl. POCKET TEACHER Physik, S. 147): Die meisten durchdringen eine dünne Goldfolie geradlinig, einige werden mehr oder weniger stark abgelenkt, etwa jedes 100 000. Teilchen prallt zurück!

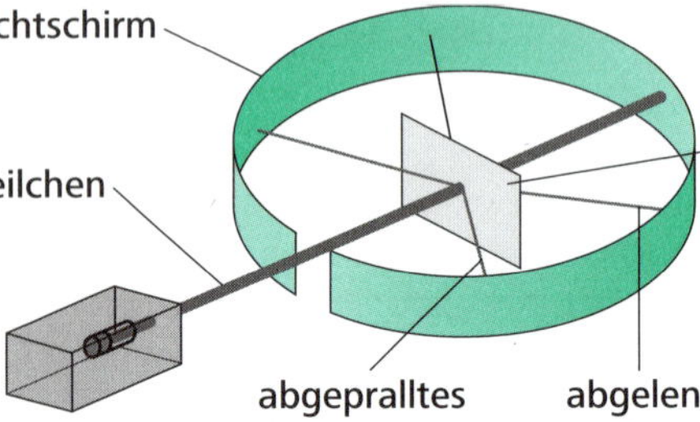

Beide Ergebnisse lassen sich mit dem Thomsonmodell nicht erklären. Das ***Kern-Hülle-Modell*** geht daher nicht mehr von der Vorstellung einer kompakten Kugel aus:

- Das Atom besteht aus einem ***Atomkern*** und einer ***Atomhülle***.
- Der Atomkern ist elektrisch positiv geladen und befindet sich im Zentrum des Atoms.
- Der Atomkern ist winzig klein: Sein Durchmesser beträgt nur *ein Zehntausendstel* des gesamten Atomdurchmessers.
- In der Atomhülle befinden sich negativ geladene Elektronen, die sich auf unterschiedlichen Kreisbahnen um den Atomkern bewegen.
- Durch die Kreisbewegung wird verhindert, dass die Elektronen in den entgegengesetzt geladenen Atomkern stürzen.
- Da die Elektronen noch kleiner sind als der Atomkern, ist die Atomhülle praktisch ein *leerer Raum*.

Der Bau des Atomkerns

Der Atomkern eines Elements ist aus zwei verschiedenen Grundbausteinen zusammengesetzt: aus elektrisch positiv geladenen ***Protonen*** (gr. *protos*, der Erste) und elektrisch neutralen ***Neutronen***. Man fasst sie zusammen unter dem Namen Nukleonen (lat. *nucleus*, Kern).

MERKE Atome verschiedener Elemente (↗ S. 23 ff.) unterscheiden sich durch die Anzahl der Protonen im Kern.

Element	Anzahl Protonen	Anzahl Neutronen	Atomkern
Wasserstoff	1	0	
Helium	2	2	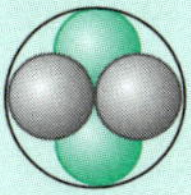
Lithium	3	4	
Beryllium	4	5	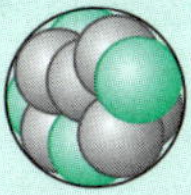

Der einfachste Atomkern ist der Kern des *Wasserstoffatoms*. Er besteht aus nur *einem* Proton.
Es gibt jedoch auch den sogenannten schweren Wasserstoff, dessen Atomkerne *zusätzlich* ein Neutron enthalten. Dieser Kern hat die Bezeichnung *Deuteron* (gr. *deuteros*, der Nächste).
Auch die Atomkerne anderer Elemente können bei jeweils gleicher Protonenzahl eine unterschiedliche Anzahl Neutronen enthalten.

MERKE Atome, deren Kerne *gleich* viele Protonen, aber *unterschiedlich* viele Neutronen enthalten, bezeichnet man als ***Isotope***.

Zur Kennzeichnung und Unterscheidung von Isotopen dient eine eigene Schreibweise.

BEISPIEL

$$\text{Nukleonenzahl} \rightarrow \; {}^{7}_{3}\mathrm{Li} \leftarrow \text{Elementsymbol}$$
$$\text{Kernladungszahl} \rightarrow \; {}_{3}$$

> Die ***Nukleonenzahl*** gibt an, wie viele Teilchen (Protonen und Neutronen) im Atomkern insgesamt enthalten sind.
> Die ***Kernladungszahl*** bezeichnet die Ladung des Atomkerns, ausgedrückt in Vielfachen der ***Elementarladung****.

BEACHTE Statt „Nukleonenzahl" wird häufig noch der Begriff „Massenzahl" verwendet. Dies führt jedoch leicht zu Verwechslungen mit der Atommasse (↗ S. 14).

Ladungsverhältnisse im Atom:

- Da jedes Proton *eine* Elementarladung trägt, gibt die Kernladungszahl auch die Anzahl der Protonen im Atomkern an.
- Die negativ geladenen Elektronen besitzen *dieselbe* Ladungsmenge wie die Protonen, nur mit umgekehrtem Vorzeichen.
- Ein elektrisch neutrales Atom besitzt daher in seiner Atomhülle die gleiche Anzahl Elektronen wie Protonen im Atomkern.

Teilchen	Masse	Ladung
Proton	1 u	$+1e$
Neutron	1 u	0
Elektron	0,000 54 u	$-1e$

* Die Elementarladung e beträgt $1{,}6 \cdot 10^{-19}$ C (Coulomb).

Der Bau der Atomhülle

Zur Abspaltung von Elektronen aus der Atomhülle benötigt man Energie. Diese ***Ionisierungsenergie*** ist jedoch für die in der Atomhülle enthaltenen Elektronen unterschiedlich groß. Auf diese Tatsache stößt man sowohl beim Vergleich der Elektronen verschiedener Elementatome als auch beim Vergleich der Elektronen innerhalb eines Elementatoms. Diese Erkenntnisse führten zu einer Erweiterung des einfachen Kern-Hülle-Modells, zum sogenannten ***Schalenmodell***.

Danach stellt man sich die Atomhülle als ein System konzentrischer Kugelschalen vor, in deren Zentrum sich der Atomkern befindet. Macht man in Gedanken einen zentralen Schnitt durch die Kugelschalen, so erhält man ein System konzentrischer Ringe.

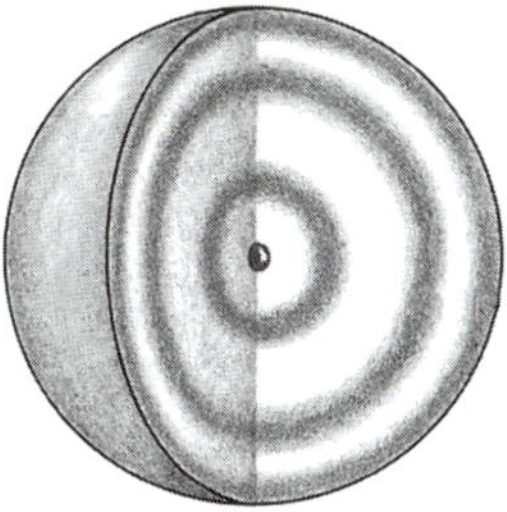

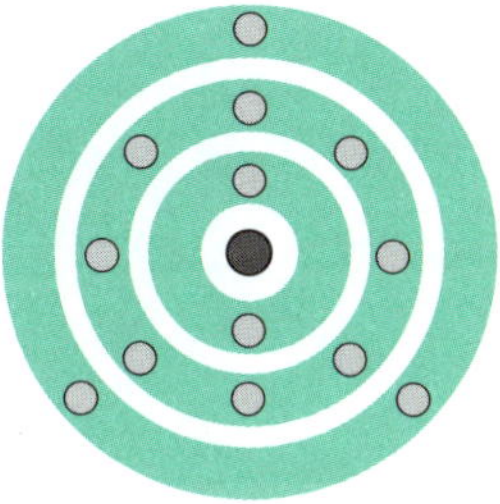

Insgesamt unterscheidet man bei diesem Modell bis zu sieben Schalen. Jede Schale stellt eine bestimmte *Energiestufe* dar und kann eine bestimmte Anzahl von Elektronen aufnehmen:

> Die innerste Schale, die 1. Schale oder K-Schale, kann maximal zwei Elektronen enthalten, die nächsten beiden Schalen (L und M) maximal acht Elektronen. Für jede folgende Schale gibt es ebenfalls Maximalbesetzungen mit Elektronen.

Jedes Elementatom hat eine bestimmte Anzahl von Schalen:

- Die äußerste Schale heißt jeweils ***Valenzschale***.
- Die auf der Valenzschale befindlichen Elektronen heißen ***Valenzelektronen***.

BEISPIEL Steckbrief des Aluminiumatoms

Anzahl der Protonen im Kern: 13
Anzahl der Elektronen in der Hülle: 13
Anzahl der Schalen: 3 (K, L, M)
Anzahl der Elektronen auf der K-Schale: 2
Anzahl der Elektronen auf der L-Schale: 8
Anzahl der Elektronen auf der M-Schale: 3

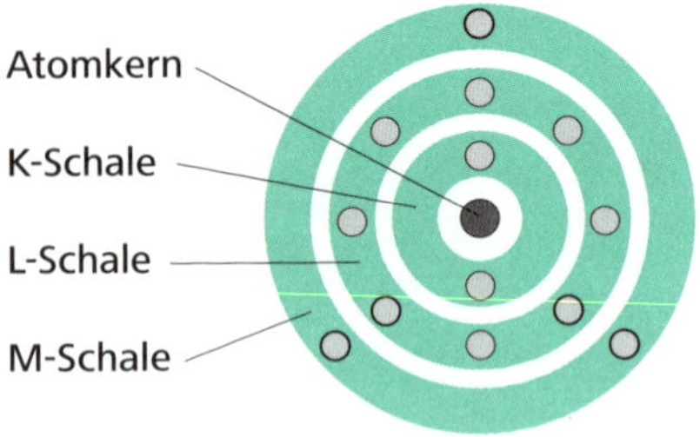

Die Valenzelektronen sind verantwortlich für die *chemische Bindung* zwischen den Atomen (↗ S. 30) sowie für die chemischen Eigenschaften der Elemente*. Ihre Anzahl ist mit der *Wertigkeit* (↗ S. 39) eines Elementatoms verknüpft.

* Neben der üblichen Definition (↗ S. 23) gibt es eine davon abweichende: Danach versteht man unter „Element" nicht einen *Stoff*, sondern eine *Atomart*. Der Stoff, der aus nur einer Atomart besteht, wird dann als *Elementsubstanz* bezeichnet. Da diese Neufassung nur eine geringe Verbreitung hat, wird in diesem Buch die herkömmliche (und bewährte) Definition verwendet.

1.3 Die chemischen Elemente

> Reinstoffe, die nur aus Atomen mit *gleicher* Protonenzahl bestehen, nennt man chemische ***Elemente***. Im Unterschied dazu nennt man Reinstoffe, die aus mindestens zwei verschiedenen Atomarten bestehen, chemische ***Verbindungen***.

Allen Elementen werden *Elementsymbole* zugeordnet, die oft Abkürzungen ihrer griechischen und lateinischen Namen sind.

BEISPIEL Sauerstoff hat das Symbol O nach dem Wort *oxygenium* (gr. *oxys*, sauer, und *gennan*, erzeugen).

Es gibt zwei Arten von Elementen: ***Metalle*** und ***Nichtmetalle***. Typische metallische Eigenschaften sind:

- die gute *elektrische Leitfähigkeit*,
- die gute *Wärmeleitfähigkeit*,
- die *leichte Verformbarkeit*.

Die meisten Nichtmetalle leiten dagegen den Strom nur sehr schlecht oder praktisch gar nicht und sind spröde.

BEISPIEL

Metalle	Symbol	Namensgebung
Eisen	Fe	*ferrum*
Gold	Au	*aurum*
Silber	Ag	*argentum*
Zink	Zn	*zincum*
Zinn	Sn	*stannum*

Nichtmetalle	Symbol	Namensgebung
Wasserstoff	H	*hydrogenium*
Sauerstoff	O	*oxygenium*
Schwefel	S	*sulfur*
Kohlenstoff	C	*carbo*

Das Periodensystem

Aus den in der Natur vorkommenden Stoffen konnten 90 verschiedene Elemente gewonnen werden, ca. 20 weitere Elemente wurden auf künstliche Weise hergestellt.

Aufgrund ähnlicher Eigenschaften lassen sich die Elemente in verschiedene Gruppen zusammenfassen, die zusammen das ***Periodensystem der Elemente*** bilden.

Periode	Hauptgruppen							
	I	II	III	IV	V	VI	VII	VIII
1	1 1,008 2,1 H Wasserstoff							2 4,00 He Helium
2	3 6,94 1,0 Li Lithium	4 9,01 1,5 Be Beryllium	5 10,81 2,0 B Bor	6 12,01 2,5 C Kohlenstoff	7 14,007 3,0 N Stickstoff	8 15,999 3,5 O Sauerstoff	9 18,998 4,0 F Fluor	10 20,18 Ne Neon
3	11 22,99 0,9 Na Natrium	12 24,31 1,2 Mg Magnesium	13 26,98 1,5 Al Aluminium	14 28,09 1,8 Si Silicium	15 30,97 2,1 P Phosphor	16 32,06 2,5 S Schwefel	17 35,45 3,0 Cl Chlor	18 39,95 Ar Argon
4	19 39,10 0,8 K Kalium	20 40,08 1,0 Ca Calcium	31 69,72 1,6 Ga Gallium	32 72,61 1,8 Ge Germanium	33 74,92 2,0 As Arsen	34 78,96 2,4 Se Selen	35 79,90 2,8 Br Brom	36 83,80 Kr Krypton
5	37 85,47 0,8 Rb Rubidium	38 87,62 1,0 Sr Strontium	49 114,82 1,7 In Indium	50 118,71 1,8 Sn Zinn	51 121,75 1,9 Sb Antimon	52 127,60 2,1 Te Tellur	53 126,90 2,5 I Iod	54 131,30 Xe Xenon
6	55 132,91 0,7 Cs Cäsium	56 137,33 0,9 Ba Barium	81 204,37 1,8 Tl Thallium	82 207,2 1,8 Pb Blei	83 208,98 1,9 Bi Bismut	84 [209] 2,0 Po* Polonium	85 [210] 2,2 At* Astat	86 [222] Rn* Radon
7	87 [223] 0,7 Fr* Francium	88 [226] 0,9 Ra* Radium						

Hauptgruppen I – VII: Nichtmetalle weiss, Halbmetalle (↗ S. 27) grün, Metalle grau.
Hauptgruppe VIII: Edelgase (Nichtmetalle)

Die Bezeichnungen in den einzelnen Kästchen haben folgende Bedeutung:

12,011	← Atommasse in u
C	← Elementsymbol (* ≙ radioaktiv)
6	← Kernladungszahl = Ordnungszahl

Aufbau des Periodensystems

Die Elemente sind von *links nach rechts* nach steigender *Kernladungszahl* (Anzahl der Protonen im Atomkern) angeordnet, wobei von der 2. Zeile an nach jeweils acht Elementen eine neue Zeile beginnt. Auf diese Weise ergeben sich acht Spalten, in denen jeweils Elemente gleicher bzw. ähnlicher Eigenschaften zusammengefasst sind.

MERKE Elemente einer Spalte bilden im Periodensystem eine ***Elementfamilie***.

Da sich die ähnlichen Eigenschaften Zeile für Zeile wiederholen, nennt man diese Zeilen – insgesamt sieben – Perioden. Daher kommt auch der Name *Periodensystem*.

BEACHTE Die Anzahl der Perioden entspricht der Anzahl der Schalen (↗ S. 21) im Schalenmodell.

Die Spalten I–VIII bezeichnet man als Hauptgruppen. Zwischen den Elementen mit den Kernladungszahlen 20–31, 38–49, 56–81 und ab 89 gibt es weitere Elemente – alles Metalle –, die in sogenannte Nebengruppen eingeordnet sind (↗ Umschlagklappe).

Elementfamilien

Die **1. Hauptgruppe** enthält außer dem Element Wasserstoff die Elementfamilie der ***Alkalimetalle***. Der Name „al kali“ ist das arabische Wort für das in Pflanzenasche enthaltene Kaliumcarbonat (Pottasche), das mit Wasser eine Lauge bildet. Ähnlich „alkalisch“ reagieren auch die Carbonate der anderen Metalle dieser Elementfamilie.

Die **2. Hauptgruppe** ist die Gruppe der ***Erdalkalimetalle***. Die Oxide dieser Elemente, von denen sich einige mit Wasser ebenfalls zu alkalischen Lösungen verbinden, bezeichnete man früher als „alkalische Erden“.

Die **6. Hauptgruppe** enthält die Elementfamilie der ***Chalkogene***. Der Name stammt aus dem Griechischen und bedeutet „Erzbildner“. Verbindungen der Nichtmetalle Sauerstoff, Schwefel, Selen und Tellur mit Metallen – Oxide, Sulfide, Selenide und Telluride – sind Bestandteile vieler Erze (↗ S. 71).

Pyrit

BEISPIEL Das Mineral (↗ S. 71) *Pyrit* ist ein Eisensulfid. Es bildet goldgelbe Kristalle.

Die **7. Hauptgruppe** umfasst die ***Halogene***. Der Name stammt ebenfalls aus dem Griechischen und bedeutet „Salzbildner“. Die Nichtmetalle Fluor, Chlor, Brom und Iod sind nämlich in der Lage, mit Metallen in zum Teil sehr heftigen Reaktionen Salze zu bilden.

In der **8. Hauptgruppe** befinden sich gasförmige Nichtmetalle, die ***Edelgase***. Der Name besagt, dass diese Gase nicht mit anderen Stoffen reagieren, so „edel“ sind sie.

Gesetzmäßigkeiten des Periodensystems

Innerhalb des Periodensystems gibt es bestimmte Gesetzmäßigkeiten:

> Die metallischen Eigenschaften (↗ S. 23) der Elemente nehmen innerhalb einer Hauptgruppe *von oben nach unten zu*, innerhalb einer Periode *von links nach rechts ab*. Einen Übergang bilden Elemente, die metallische wie nicht metallische Eigenschaften haben, sogenannte *Halbmetalle*. Schmelz- und Siedetemperaturen der Metalle nehmen in der Regel *von oben nach unten ab*, die der Nichtmetalle *von oben nach unten zu*.

- Auf das *Schalenmodell* bezogen, beginnt jede neue Periode mit einer neuen Schale, die zur neuen Valenzschale wird.
- In einer Periode nimmt die Anzahl der Protonen im Atomkern sowie der Elektronen auf der Valenzschale von links nach rechts schrittweise um ein weiteres Proton bzw. Elektron zu.
- Elementatome *derselben* Hauptgruppe haben alle *dieselbe* Anzahl an Valenzelektronen. Die Zahl der Hauptgruppe entspricht der Anzahl der Valenzelektronen.

BEISPIEL Alle Elemente der 1. Hauptgruppe – die Alkalimetalle – haben ein Valenzelektron, alle Elemente der 2. Hauptgruppe – die Erdalkalimetalle – haben zwei Valenzelektronen, alle Elemente der 7. Hauptgruppe – die Halogene – haben sieben Valenzelektronen.

BEACHTE

Periode	Schale	maximale Anzahl Valenzelektronen
1	K-Schale	2
2	L-Schale	8
3	M-Schale	8

Alle weiteren Schalen der Hauptgruppenelemente haben ebenfalls maximal acht Valenzelektronen.

Periodensystem der Elemente im Schalenmodell (Auszug)								
	1. Gruppe	2. Gruppe	3. Gruppe	4. Gruppe	5. Gruppe	6. Gruppe	7. Gruppe	8. Gruppe
1. Periode	H 1							He 2
2. Periode	Li 3	Be 4	B 5	C 6	N 7	O 8	F 9	Ne 10
3. Periode	Na 11	Mg 12	Al 13	Si 14	P 15	S 16	Cl 17	Ar 18

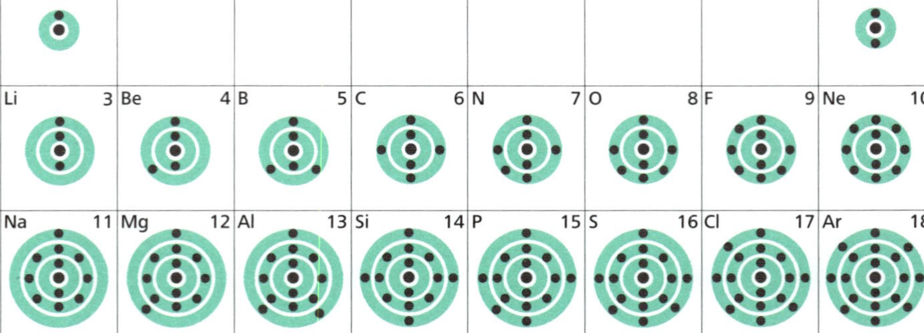

Lerncheck

Kapitel „Aufbau von Stoffen"	O.K. ✓	Das muss ich noch mal lesen
Ich kann die wichtigsten Eigenschaften von Stoffen benennen.		S. 9–11
Ich kann ein Stoffgemisch von einem Reinstoff unterscheiden.		S. 9–11
Ich kann Beispiele für heterogene und homogene Stoffgemische nennen.		S. 10, 11
Ich kann für Stoffgemische die wichtigsten Trennverfahren beschreiben und erklären.		S. 12
Ich kann die drei Aggregatzustände von Stoffen auf der Teilchenebene beschreiben.		S. 13
Ich kann den Unterschied zwischen Atommasse, Molekülmasse und Formelmasse erklären.		S. 14, 15
Ich kann die Molekülmasse und Formelmasse von Stoffen berechnen.		S. 15
Ich kann die Modellvorstellungen von *Thomson* und *Rutherford* beschreiben.		S. 16, 18
Ich kann den Bau des Atoms anhand des Kern-Hülle-Modells erklären.		S. 18
Ich kann den Begriff Isotop definieren.		S. 20
Ich kann die Begriffe Valenzschale und Valenzelektronen definieren.		S. 22
Ich kann den Unterschied zwischen einem Element und einer Verbindung beschreiben.		S. 23
Ich kann Eigenschaften von Metallen und Nichtmetallen anhand von Beispielen erklären.		S. 23–27
Ich kann die Gesetzmäßigkeiten des Periodensystems der Elemente erläutern.		S. 24–28

2 Die chemische Bindung

2.1 Arten chemischer Bindung

Viele Stoffe sind in der Lage, miteinander eine chemische Reaktion (↗ S. 48) einzugehen. Das lässt sich auf der Grundlage des Schalenmodells vom Atom (↗ S. 21) erklären:

- Ein Atom ist bestrebt, auf seiner äußersten Schale die sogenannte ***Edelgaskonfiguration*** (↗ Edelgase, S. 26) zu erreichen, d. h., es ist bestrebt, auf dieser Schale *acht Elektronen* zu besitzen. Eine Ausnahme ist die K-Schale: Sie kann maximal zwei Elektronen fassen.
- Das Bestreben eines Atoms, die Edelgaskonfiguration zu erreichen, nennt man ***Oktettregel*** (gr. *okto*, acht).

Die Ionenbindung

Um die Edelgaskonfiguration zu erreichen, kann die Valenzschale eines Atoms Elektronen *abgeben* bzw. *aufnehmen*.
Gibt die Valenzschale Elektronen ab, so hat das Atom insgesamt weniger Elektronen auf den Schalen als Protonen im Kern. Durch den Überschuss an positiver Ladung wird das Atom zu einem *positiv* geladenen ***Ion***.

BEISPIEL Ein Natrium*atom* hat elf Protonen und elf Elektronen. Das Natrium-*Ion* hat elf Protonen, aber nur zehn Elektronen und ist daher *positiv* geladen.

Natriumatom
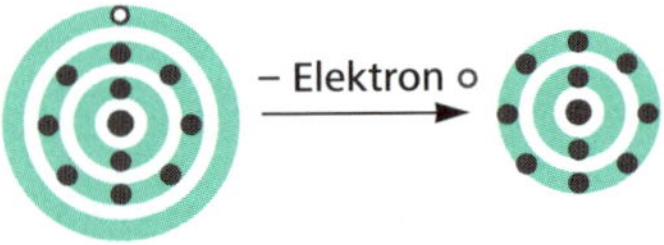

Natrium-Ion

Nimmt die Valenzschale Elektronen *auf*, so hat das Atom insgesamt mehr Elektronen auf den Schalen als Protonen im Kern. Durch den Überschuss an negativer Ladung wird das Atom zu einem *negativ* geladenen Ion.

BEISPIEL Ein Chloratom hat 17 Protonen und 17 Elektronen. Das Chlorid-*Ion* hat 17 Protonen, aber 18 Elektronen und ist daher *negativ* geladen.

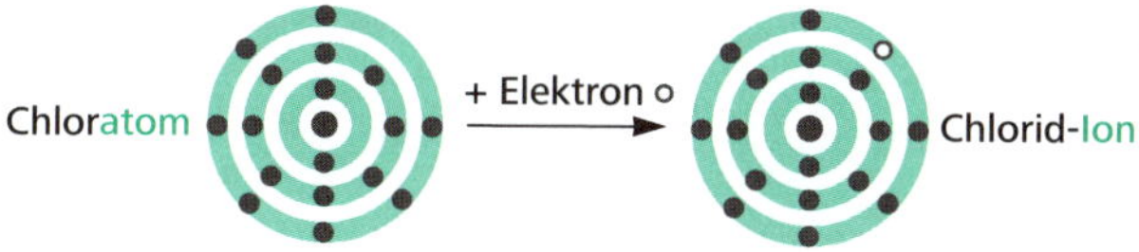

Da sich die Ionen von den entsprechenden Atomen nur in der Valenzschale unterscheiden, gibt es für sie eine vereinfachte Schreibweise, die sogenannte ***Lewis-Schreibweise***. Sie besteht aus dem *Elementsymbol* und der Elektronenverteilung in der Valenzschale. Bei Ionen wird zusätzlich die jeweilige Ladung berücksichtigt.

BEISPIEL

$\mathrm{Na^{\bullet}}$	Natriumatom	$:\!\overset{\cdot\cdot}{\underset{\cdot\cdot}{\mathrm{Cl}}}\!\cdot$	Chloratom
$\mathrm{Na^{+}}$	Natrium-Ion	$\left[:\!\overset{\cdot\cdot}{\underset{\cdot\cdot}{\mathrm{Cl}}}\!:\right]^{-}$	Chlorid-Ion

Je nach Anzahl der von den Atomen abgegebenen bzw. aufgenommenen Elektronen sind Ionen *unterschiedlich* stark geladen. Werden z. B. zur Erlangung der Edelgaskonfiguration zwei Elektronen abgegeben bzw. aufgenommen, so entstehen *zweifach* geladene Ionen.

BEISPIEL

$\mathrm{Mg}\!:$	Magnesiumatom	$:\!\overset{\cdot\cdot}{\underset{\cdot\cdot}{\mathrm{O}}}$	Sauerstoffatom
$\mathrm{Mg^{2+}}$	Magnesium-Ion	$\left[:\!\overset{\cdot\cdot}{\underset{\cdot\cdot}{\mathrm{O}}}\!:\right]^{2-}$	Sauerstoff-Ion

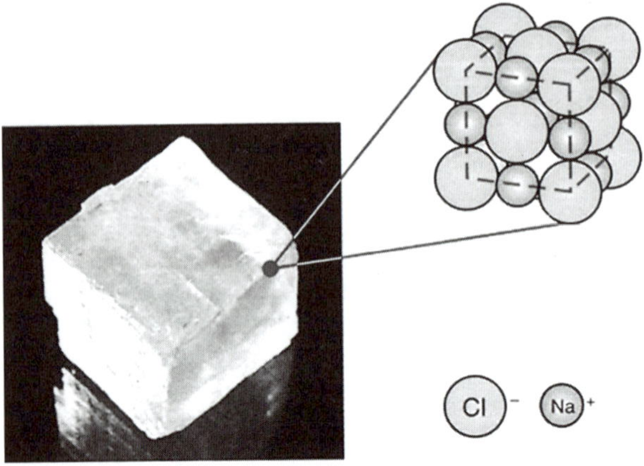

Festes Natriumchlorid (Kochsalz) ist eine *Verbindung* (↗ S. 23) aus den Elementen *Natrium* und *Chlor*. Auf der Teilchenebene betrachtet, besteht dieser Stoff aus *positiv* geladenen *Natrium-Ionen* (Na^+) und *negativ* geladenen *Chlorid-Ionen* (Cl^-). Da unterschiedlich geladene Körper einander stark anziehen, herrschen auch zwischen beiden Ionenarten starke *elektrostatische Anziehungskräfte* (↗ S. 45). Daher fügen sie sich zu einem stabilen *Ionengitter* (↗ S. 44) zusammen. In diesem Fall ist ein Ion von jeweils sechs entgegengesetzt geladenen Ionen umgeben.

BEACHTE Alle Salze (↗ S. 92 ff.), die meisten Metalloxide (↗ S. 70) und die Hydroxide (↗ S. 85) sind Verbindungen, die Ionengitter bilden.

BEISPIEL Magnesiumoxid bildet ein Ionengitter aus Magnesium-Ionen (Mg^{2+}) und Sauerstoff-Ionen (O^{2-}).

Die Bindung zwischen Ionen entgegengesetzter Ladung bezeichnet man als ***Ionenbindung***.

Die Elektronenpaarbindung

Für die Valenzschale eines Atoms gibt es noch eine andere Möglichkeit, um zu einer Edelgaskonfiguration zu gelangen:
Zwei (oder mehr) Atome, deren Valenzschalen unvollständig sind, können sich „zusammentun" und die fehlenden Elektronen *gemeinsam* „verwalten". Dabei entstehen aus einzelnen Atomen ***Moleküle***.

BEISPIEL

- Zwei Wasserstoffatome verbinden sich zu *einem* Wasserstoff*molekül*. Jedes Wasserstoffatom hat dann zwei Elektronen zur Verfügung und erreicht damit die angestrebte Edelgaskonfiguration, in diesem Fall die des Heliumatoms.

- Zwei Chloratome verbinden sich zu einem Chlor*molekül*. Jedes gebundene Chloratom hat dann praktisch acht Elektronen und erreicht somit die Edelgaskonfiguration des Argonatoms.

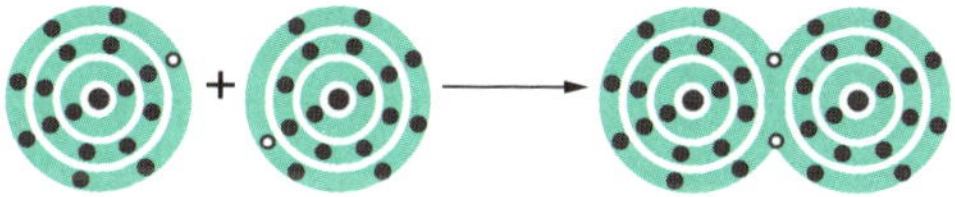

MERKE In einem Molekül sind die Atome über gemeinsame *Elektronenpaare* miteinander verbunden.

> Die Bindung zwischen Atomen über gemeinsame Elektronenpaare bezeichnet man als ***Elektronenpaarbindung***.

Da Elektronenpaarbindungen immer zwischen Elektronen der *Valenzschale* bestehen, können die Bindungen innerhalb eines Moleküls ebenfalls durch die Lewis-Schreibweise (↗ S. 31) dargestellt werden:

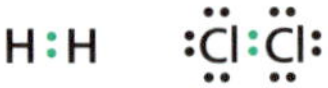

BEACHTE Zwischen den Atomsymbolen befindet sich das *bindende* Elektronenpaar, die restlichen Valenzelektronen werden – ebenfalls paarweise – zu *nicht bindenden* Elektronenpaaren zusammengefasst.

Elektronenpaarbindungen treten auch zwischen verschiedenartigen Atomen auf.

BEISPIEL Chlorwasserstoff ist eine *Verbindung* der Elemente Wasserstoff und Chlor. Er liegt ebenfalls in Form von Molekülen vor.

In einem Chlorwasserstoffmolekül ist *ein* Wasserstoffatom mit *einem* Chloratom verbunden. Das Chloratom „besitzt" auch hier acht Elektronen, das Wasserstoffatom braucht zur Erlangung seiner Edelgaskonfiguration nur zwei Elektronen.

Ein Molekül kann auch *mehrere bindende Elektronenpaare* besitzen. Wiederum ist jedes gebundene Atom bestrebt, seine Edelgaskonfiguration zu erreichen.

BEISPIEL Im Sauerstoffmolekül sind die beiden Sauerstoffatome durch *zwei* bindende Elektronenpaare verbunden.

Die beiden *Punkte*, die ein Elektronenpaar darstellen sollen, kann man auch durch einen *Strich* ersetzen. Dadurch ergibt sich eine weitere Vereinfachung der Darstellung eines Moleküls:

BEACHTE Alle Nichtmetalle (↗ S. 23), alle Nichtmetalloxide (↗ S. 70), wasserfreie Säuren (↗ S. 85) und die meisten organischen Stoffe (↗ S. 98 ff.) bilden Moleküle.

BEACHTE Viele Nichtmetalle bilden im gasförmigen Zustand *zweiatomige* Moleküle.

Elektronegativität und Bindungsart

Atome können sowohl *Ionenbindungen* als auch *Elektronenpaarbindungen* eingehen.

BEISPIEL Chloratome reagieren miteinander sowie mit Wasserstoffatomen unter Bildung *gemeinsamer* Elektronenpaarbindungen, mit Natriumatomen jedoch unter Bildung von *getrennten* Natrium- und Chlorid-Ionen.

Es kommt also darauf an, welche Atomarten miteinander reagieren. Der Unterschied liegt im unterschiedlichen Bestreben der Atome, Elektronen auf ihre Valenzschale zu ziehen.

> Ein Maß für das Bestreben eines Atoms, beim Eingehen einer Bindung Elektronen festzuhalten bzw. an sich zu ziehen, ist die ***Elektronegativität*** (abgekürzt „EN").

Unterschiedliche Elektronegativitäten werden durch unterschiedliche Zahlenwerte ausgedrückt. Je *größer* die Elektronegativität eines Atoms, desto *stärker* zieht das Atom beim Eingehen einer Bindung Elektronen an sich.

Element	EN	Element	EN
Wasserstoff	2,1	Kohlenstoff	2,5
Natrium	0,9	Stickstoff	3,0
Kalium	0,8	Sauerstoff	3,5
Caesium	0,7	Schwefel	2,5
Magnesium	1,2	Fluor	4,0
Calcium	1,0	Chlor	3,0
Aluminium	1,5	Brom	2,8

Gehen verschiedene Atome miteinander eine Bindung ein, gibt die *Differenz* der Werte ihrer Elektronegativität einen Hinweis, welche Art der Bindung sich ergibt.

MERKE Ist die Differenz der Elektronegativitäten *gering*, so ergibt sich eine *Elektronenpaarbindung*. Ist die Differenz der Elektronegativitäten *groß*, bilden sich *Ionen*. Metallatome bilden miteinander ein Metallgitter (↗ S. 46).

BEISPIEL Die Differenz der Werte der Elektronegativität von zwei Chloratomen beträgt „0". Aus diesem Grund entsteht bei der Reaktion von zwei Chloratomen ein zweiatomiges Chlor*molekül*.

BEISPIEL Die Differenz der Werte der Elektronegativität von einem Chloratom und einem Natriumatom beträgt „2,1", wobei das Chloratom die *größere* Elektronegativität besitzt. Daher entreißt es dem Natriumatom, das nur eine geringe Elektronegativität hat, sein Valenzelektron und es entstehen ein Chlorid-*Ion* und ein Natrium-*Ion*.

Es gibt Fälle, in denen die Differenz der Elektronegativitäten noch *nicht ausreicht*, um aus den reagierenden Atomen Ionen zu machen. Sie bilden daher Moleküle, in denen das bindende Elektronenpaar nach der Seite des stärker elektronegativen Atoms verschoben ist.

BEISPIEL Das Chlorwasserstoffmolekül

Der farbige Keil deutet an, dass das bindende Elektronenpaar zum stärker elektronegativen Chloratom verschoben ist. Dadurch erhält das Chloratom eine *negative Teilladung* (δ–), das Wasserstoffatom eine *positive Teilladung* (δ+). Die Bindung zwischen beiden Atomen bezeichnet man als ***polare Elektronenpaarbindung***.

Mehratomige Moleküle

Bei der Darstellung der Bindungen zwischen den Atomen eines mehratomigen Moleküls kann in vielen Fällen ebenfalls die Oktettregel herangezogen werden.

BEISPIEL Im Wassermolekül (H_2O) liefert das Sauerstoffatom je ein Elektron für eine Elektronenpaarbindung zu den beiden Wasserstoffatomen, zwei Elektronenpaare bleiben ungebunden (nichtbindende Elektronenpaare).

Im Kohlenstoffdioxidmolekül bringt das Kohlenstoffatom alle vier Valenzelektronen zur Ausbildung von je zwei Elektronenpaarbindungen zu den beiden Sauerstoffatomen ein.

In den aufgeführten Beispielen ist für alle gebundenen Atome die Oktettregel erfüllt.

Die Oktettregel gilt jedoch nicht immer: Ab der 3. Periode des Periodensystems der Elemente (↗ S. 24) sind die Elementatome nämlich in der Lage, auch *mehr* als vier Elektronenpaare um sich zu scharen:

BEISPIEL Im Schwefeldioxidmolekül (SO_2) ist das Schwefelatom von insgesamt fünf *Elektronenpaaren* umgeben (vier bindende und ein nicht bindendes). Es kann sich mit maximal sechs Elektronenpaaren umgeben.

MERKE Die maximale Anzahl an Elektronenpaaren um ein gebundenes Atom entspricht der Anzahl seiner Valenzelektronen.

Räumliche Anordnung von Molekülen

Moleküle, die aus nur zwei Atomen bestehen, sind naturgemäß linear gebaut. Bei mehratomigen Molekülen gibt es jedoch sowohl *lineare* als auch *gewinkelte* Moleküle:

BEISPIEL

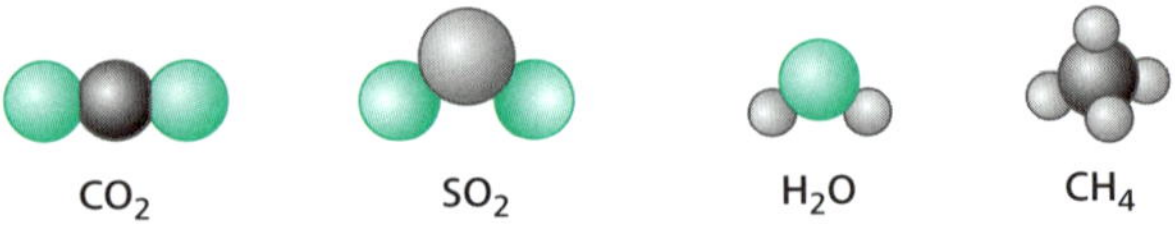

Der Unterschied lässt sich mithilfe des ***Elektronenpaarabstoßungsmodells*** erklären:

> **In einem Molekül nehmen die Bindungen zwischen den Atomen und die nichtbindenden Elektronenpaare einen möglichst großen Abstand zueinander ein.**

Die Abstände führen zu unterschiedlichen geometrischen Anordnungen der Atome innerhalb des Moleküls.

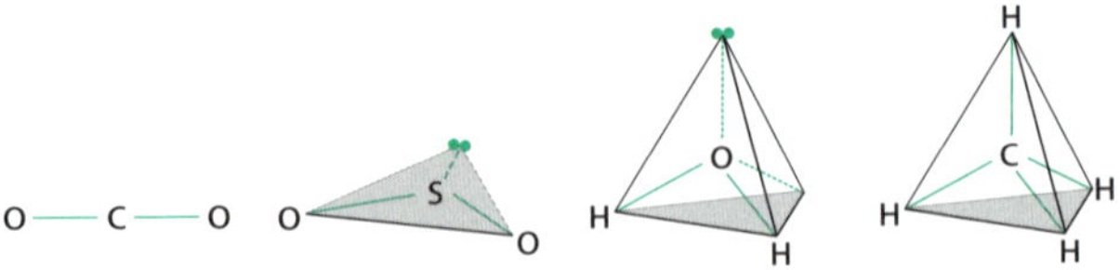

linear | gewinkelt/eben | tetraedrisch

Anzahl gebundene Atome	Anzahl nichtbindende Elektronenpaare	Summe	Geometrie	Beispiel
2	0	2	linear	CO_2
2	1	3	gewinkelt	SO_2
2	2	4	tetraedrisch	H_2O, CH_4

2.2 Die chemische Formel

Die Zusammensetzung von Reinstoffen wird durch eine für sie eindeutige *chemische* **Formel** ausgedrückt. Sie setzt sich aus den Symbolen der in den Stoffen verbundenen Elemente (↗ S. 23) zusammen.

Die Wertigkeit

Geht ein Atom Bindungen zu anderen Atomen ein, bilden sich je nach Art der Atompartner *Ionen* oder *Moleküle*.

- Im Fall der Ionenbildung werden Valenzelektronen *aufgenommen* oder *abgegeben*.
- Im Fall der Molekülbildung werden Valenzelektronen für *gemeinsame Elektronenpaare* zur Verfügung gestellt.

> Die Anzahl der jeweils aufgenommenen bzw. abgegebenen oder zur Verfügung gestellten Elektronen bezeichnet man als ***Wertigkeit*** des betreffenden Atoms.

MERKE Wasserstoff ist immer *einwertig*, Sauerstoff in der Regel *zweiwertig*, unabhängig davon, ob Ionen oder Moleküle gebildet werden.

Die anderen Elemente können auch *mehrere* Wertigkeiten haben. Dies hängt davon ab,

- ob Ionen oder Moleküle gebildet werden,
- an welcher Stelle im Periodensystem sich das betreffende Element befindet.

Maximale Wertigkeit bei Ionenbildung

Hauptgruppe	I	II	III	IV	V	VI	VII
Wertigkeit	1	2	3	4	3	2	1

Maximale Wertigkeit bei Molekülbildung

Hauptgruppe	I	II	III	IV	V	VI	VII
Wertigkeit	(1)	(2)	3	4	5	6	7

BEISPIEL Chloratome können z. B. durch Aufnahme von *einem* Elektron Ionen bilden, sind also dabei *einwertig*. Sie können sich jedoch in einem Molekül auch mit maximal *sieben* Elektronenpaaren umgeben und sind dann *siebenwertig*.

Nicht alle Elementatome sind in der Lage, Ionen *und* Moleküle zu bilden:

- Metallatome bilden fast immer Ionen, indem sie Valenzelektronen abgeben.
- Nichtmetallatome der 3.–5. Hauptgruppe bilden hauptsächlich Moleküle, indem sie ihre Valenzelektronen für Elektronenpaare zur Verfügung stellen.

Die Wertigkeiten für die Elemente der *Nebengruppen* des Periodensystems folgen keiner einfachen Regel. Die wichtigsten sind in der folgenden Tabelle zusammengestellt:

Element	Symbol	Wertigkeiten
Eisen	Fe	2, 3
Kupfer	Cu	1, 2
Quecksilber	Hg	1, 2
Silber	Ag	1
Zink	Zn	2

Aufstellen einer chemischen Formel

Die chemische Formel gibt an,

- welche *Elemente* miteinander verbunden sind,
- in welchem *Teilchenzahlverhältnis* die Elemente verbunden sind.

BEISPIEL Natriumchlorid ist eine Verbindung der Elemente Natrium und Chlor, das Teilchenzahlverhältnis Na : Cl = 1 : 1. Die Formel lautet daher NaCl. Wasser ist eine Verbindung der Elemente Wasserstoff und Sauerstoff, das Teilchenzahlverhältnis H : O = 2 : 1. Die Formel für Wasser lautet daher H_2O.

> Mit der ***Verhältnisformel*** **wird das Zahlenverhältnis der miteinander verbundenen Teilchen dargestellt.**

BEACHTE Die chemische Formel gibt *nicht* an, *welche Sorte* von Teilchen miteinander verbunden ist.

BEISPIEL Bei Natriumchlorid sind die Teilchen *Ionen*, bei Wasser sind die Teilchen *Atome*.

Für das Aufstellen der Formel eines Stoffs aus *zwei* Teilchenarten benötigt man deren Wertigkeiten. Dabei gilt für das Teilchenzahlverhältnis folgende *Faustregel*:

$$\frac{\text{Anzahl Teilchen Stoff A}}{\text{Anzahl Teilchen Stoff B}} = \frac{\text{Wertigkeit Stoff B}}{\text{Wertigkeit Stoff A}}$$

BEISPIEL Ermittlung der Formel für das Oxid von Kohlenstoff. Kohlenstoff ist vierwertig, Sauerstoff zweiwertig.

$$\frac{\text{Wertigkeit Kohlenstoff}}{\text{Wertigkeit Sauerstoff}} = \frac{4}{2} = \frac{2}{1}, \text{ Teilchenzahlverhältnis} = \frac{1}{2}$$

Das Oxid von Kohlenstoff hat daher die Formel CO_2 und die Bezeichnung Kohlenstoff*di*oxid.
Umgekehrt kann man von einer vorgegebenen Formel auf die Wertigkeit der beteiligten Elemente schließen.

BEISPIEL Aluminiumoxid hat die Formel Al_2O_3. Das Teilchenzahlverhältnis beträgt Al : O = 2 : 3. Sauerstoff ist immer zweiwertig, daher gilt:

$$\frac{\text{Wertigkeit Aluminium}}{\text{Wertigkeit Sauerstoff}} = \frac{3}{2}, \text{ Wertigkeit Aluminium} = 3$$

Formeln verschiedener Stoffarten

Die Molekülformel

Die Formel von Stoffen, die aus *Molekülen* bestehen, bezeichnet man als ***Molekülformel***. Diese gibt die Anzahl *aller* in einem Molekül gebundenen Atome an und entspricht nicht immer der nach der Faustregel ermittelten Verhältnisformel. Dabei gibt es mehrere Fälle:

- Die Molekülformel ist ein *Vielfaches* der Verhältnisformel.

BEISPIEL Die Verhältnisformel für das Oxid des Phosphors ist P_2O_5, die Molekülformel ist P_4O_{10}.

- Die Molekülformel passt nicht zur Faustregel.

BEISPIEL Die Molekülformel von Ethan (↗ S. 101) ist C_2H_6, die Verhältnisformel wäre demnach CH_3. Nach der Faustregel gibt es jedoch nur CH_4, die Formel für Methan.

- Die Formeln von Molekülen, die *mehr als zwei* Atomarten enthalten, kann man mit einfachen Faustformeln überhaupt nicht mehr aufstellen.

Die Molekülformel eines Stoffes kann man daher nur *experimentell* ermitteln:

- durch die Bestimmung der zutreffenden Verhältnisformel,
- durch die Bestimmung der molaren Masse (↗ S. 63).

BEACHTE Formeln von Stoffen, die aus *Ionen* bestehen, sind jedoch *immer* Verhältnisformeln, sie geben das *Zahlenverhältnis* der im Ionengitter miteinander verbundenen Ionen an.

Formeln chemischer Elemente

Für die chemischen *Elemente*, unabhängig davon, ob es sich um Metalle oder Nichtmetalle handelt, gibt es eine besondere Vereinbarung: Die Formeln werden als *Atome* angegeben.

BEACHTE Die Formeln der *gasförmigen*, molekülbildenden Nichtmetalle werden dagegen immer als *Molekülformeln* angegeben, also O_2 statt O, H_2 statt H usw.

Formeln von Molekül-Ionen

Elementatome bilden durch Abgabe bzw. Aufnahme von Elektronen Ionen (↗ S. 30). Aber auch Moleküle können zu Ionen werden.

BEISPIEL Bei der Reaktion von Chlorwasserstoff mit Wasser entstehen neben negativ geladenen Chlorid-Ionen positiv geladene Oxonium-Ionen (↗ S. 87):

$$HCl + H_2O \rightarrow Cl^- + H_3O^+$$

Anionen (↗ S. 96) anderer dissoziierter Säuren und deren Salze sind ***Molekül-Ionen***.

BEISPIEL Schwefelsäure hat die Formel H_2SO_4, die Formel für das Anion der Schwefelsäure, das Sulfat-Ion, ist SO_4^{2-}.

BEACHTE Die Wertigkeit eines Ions entspricht immer seiner Ladung.

Die Strukturformel

Bei Molekülen gibt es neben der Darstellung der Formel als Molekülformel noch die Darstellung als ***Strukturformel***. Die Strukturformel zeigt, wie die einzelnen Atome eines Moleküls miteinander verbunden sind (↗ Elektronenpaarbindung, S. 33).

Um eine Strukturformel zeichnen zu können, benötigt man folgende Informationen:

- die Molekülformel des Stoffs,
- die typischen Eigenschaften des Stoffs.

BEISPIEL

- Schwefelsäure hat die Formel H_2SO_4. Der Stoff dissoziiert mit Wasser zum Sulfat-Ion. Das Schwefelatom im Schwefelsäuremolekül ist sechswertig. Die Strukturformel von Schwefelsäure ist damit

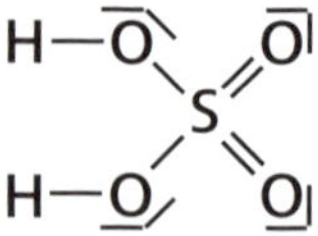

Schwefelsäure

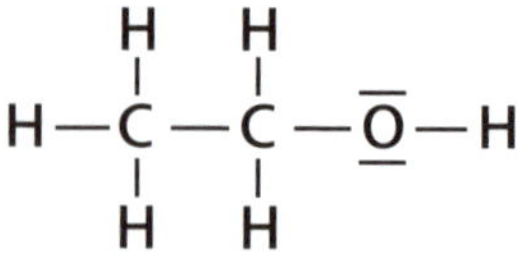

Ethanol

- Ethanol hat die Molekülformel C_2H_6O. Der Stoff gehört zu den *Alkoholen* (↗ S. 110), das Molekül muss also eine *Hydroxylgruppe* besitzen. Da Ethanol ein *organischer* Stoff ist, besteht die Vermutung, dass die *Kohlenstoffatome* im Molekül durch Elektronenpaarbindungen *miteinander verbunden* sind.

2.3 Einteilung von Stoffen

Ionische Stoffe und molekulare Stoffe bilden im festen Aggregatzustand regelmäßige Festkörpergitter: ***Ionengitter*** bzw. ***Molekülgitter***. Zwischen beiden Stoffarten bestehen jedoch grundsätzliche Unterschiede.

	ionische Stoffe	molekulare Stoffe
Gitterart	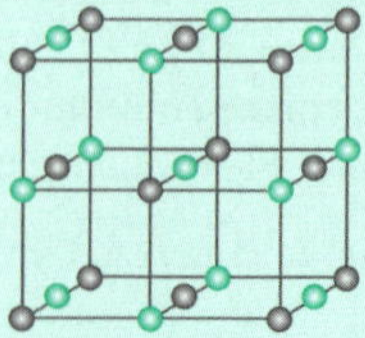 Ionengitter (Beispiel NaCl)	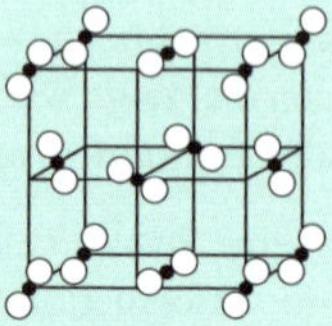 Molekülgitter (Beispiel CO_2)
Gitterbausteine	zwei Arten elektrisch geladener Ionen	eine Art elektrisch neutraler Moleküle
kleinste Stoffeinheit	gibt es nicht	ein Molekül

	ionische Stoffe	molekulare Stoffe
Zusammenhalt zwischen Gitterbausteinen	starke elektrostatische ***Coulomb-Kräfte***	schwache elektrostatische ***Van-der-Waals-Kräfte***
Schmelztemperatur	hoch	niedrig
elektrische Leitfähigkeit	im geschmolzenen Zustand leitend	nicht leitend

Ionische Stoffe bestehen immer aus *zwei* Ionenarten, sind also immer *Verbindungen.*

BEISPIEL Natriumchlorid (Kochsalz) ist eine Verbindung und sein Gitter besteht aus Natrium-Ionen und Chlorid-Ionen.

Molekulare Stoffe können je nach Art der Gitterbausteine im Molekülgitter Elemente *oder* Verbindungen sein:

- Bestehen die Gitterbausteine aus nur *einer* Atomart, so ist der betreffende Stoff ein *Element.*
- Bestehen die Gitterbausteine aus mindestens *zwei* Atomarten, so ist der betreffende Stoff eine *Verbindung.*

BEISPIEL

- Das Element *Iod* bildet im festen Zustand ein regelmäßiges Molekülgitter, dessen Gitterbausteine aus zweiatomigen Iodmolekülen bestehen.
- Das Element *Schwefel* bildet im festen Zustand ein Molekülgitter, dessen Gitterbausteine aus achtatomigen Schwefelmolekülen bestehen.
- Die Verbindung *Kohlenstoffdioxid* bildet im festen Zustand (bekannt als „Trockeneis“) ein Molekülgitter, dessen Gitterbausteine aus Kohlenstoffdioxidmolekülen bestehen.

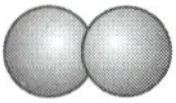

Iod I_2

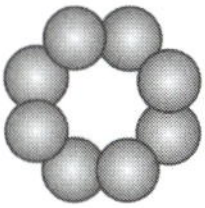

Schwefel S_8

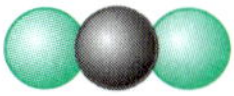

Kohlenstoffdioxid CO_2

BEACHTE Salze bilden *niemals* einzelne Moleküle!

Metalle bilden im festen Zustand ein ***Metallgitter***.
Die Gitterbausteine bestehen aus positiven Metall-Ionen, zwischen denen sich freibewegliche Elektronen befinden. Die Beweglichkeit der Elektronen im Gitter ist die Ursache für die gute elektrische Leitfähigkeit von Metallen.

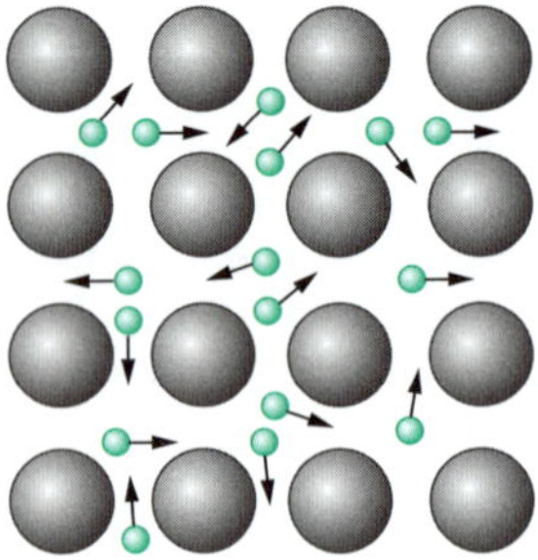

Lerncheck

Kapitel „Die chemische Bindung“	O.K. ✓	Das muss ich noch mal lesen
Ich kann die Entstehung der verschiedenen Bindungsarten erklären.		S. 30–33
Ich kann die Entstehung von Ionen und Molekülen beschreiben.		S. 31–33
Ich kann Unterschiede zwischen einem Atom und einem Ion erklären.		S. 31
Ich kann den Grund für die Entstehung von Ionenbindungen nennen.		S. 32
Ich kann mehratomige Moleküle in einfacher Form skizzieren und die räumliche Anordnung begründen.		S. 33, 34, 38
Ich kann die Bedeutung der Elektronegativität für das Entstehen der verschiedenen Bindungsarten erklären.		S. 35, 36
Ich kann den Begriff Wertigkeit am Beispiel Wasserstoff, Sauerstoff, Natrium und Chlor erklären.		S. 39, 40
Ich kann Verhältnisformeln, Molekülformeln und Strukturformeln an einfachen Beispielen aufstellen.		S. 40–44
Ich kann Unterschiede zwischen einem Ionengitter und einem Molekülgitter an je einem Beispiel benennen.		S. 44–45

3 Die chemische Reaktion

3.1 Kennzeichen der chemischen Reaktion

Kein Stoff bleibt auf Dauer so, wie er ist: Er verändert sich irgendwann und irgendwie.

BEISPIEL Ein blanker Nagel wird rostig, der Eiswürfel in der Limonade schmilzt, die Butter wird ranzig, die teuer gekauften Rosen werden welk.

Physikalischer Vorgang, chemischer Vorgang

Je nachdem, welche Veränderung der Stoff erfahren hat, nennt man den *Vorgang*, der zu dieser Veränderung geführt hat, einen *physikalischen* oder einen *chemischen* Vorgang.

BEISPIEL Beim *Erhitzen* von einem Streifen Blei und einem Streifen Magnesium geschehen zwei völlig unterschiedliche Vorgänge:
Das Blei *schmilzt* und wird beim Abkühlen wieder fest.
Das Magnesium *verbrennt* mit blendender Flamme zu einem weißen Pulver.

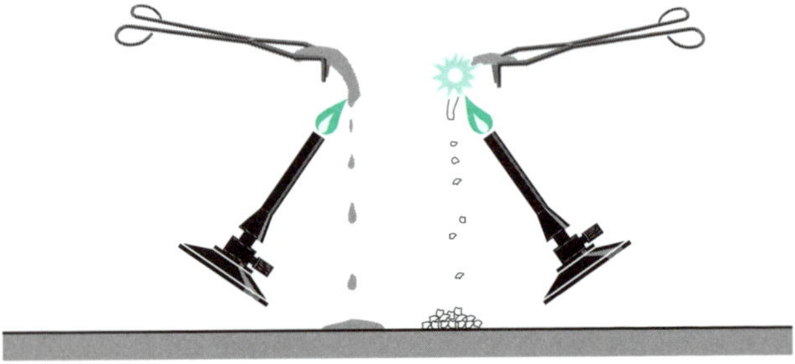

Beim Erhitzen hat der Stoff Blei lediglich seinen Aggregatzustand verändert, aus Magnesium ist jedoch ein *neuer Stoff* entstanden: Magnesiumoxid.

> Einen Vorgang, bei dem aus gegebenen Stoffen *neue Stoffe* mit *neuen Eigenschaften* entstehen, bezeichnet man als chemischen Vorgang oder ***chemische Reaktion***.

Ein Vorgang, bei dem ein Stoff nur seine Form oder seinen Aggregatzustand ändert, ist ein ***physikalischer Vorgang***.

Chemische Reaktion im Teilchenbild

Bei einer chemischen Reaktion gibt es drei Stufen:

- *Vor* Eintreten der chemischen Reaktion liegen die Teilchenverbände der beteiligten Stoffe als *Stoffgemisch* (↗ S. 9) vor.
- *Während* der chemischen Reaktion lösen sich die Teilchen jedes Teilchenverbandes voneinander und schließen sich mit den Teilchen des anderen Stoffes zu neuen Teilchenverbänden zusammen.
- *Nach* der chemischen Reaktion liegen die Teilchenverbände der beteiligten Stoffe als *Verbindung* (↗ S. 23) vor.
  Die Teilchen des neuen Stoffes sind fest miteinander verbunden. Sie lassen sich daher nicht mehr wie bei einem Stoffgemisch einfach voneinander trennen.

BEISPIEL Bei der Verbrennung von Magnesium lösen sich die Magnesiumatome aus dem Metallgitter, teilen sich die Sauerstoffmoleküle und bilden ein neues Ionengitter (↗ S. 44).

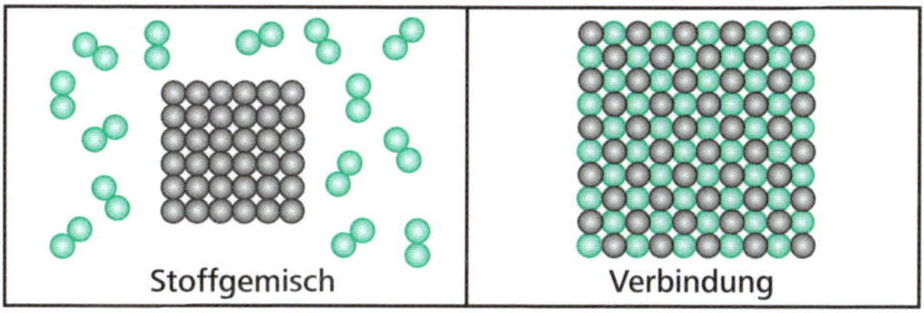

Synthese und Analyse

Um eine chemische Reaktion beschreiben zu können, müssen die daran beteiligten Stoffe gekennzeichnet werden.

MERKE Die Stoffe, die vor der chemischen Reaktion vorliegen, bezeichnet man als *Ausgangsstoffe* oder *Edukte*. Die Stoffe, die bei der chemischen Reaktion entstanden sind, bezeichnet man als *Produkte*: Edukte → Produkte.
Dabei gibt es grundsätzlich *zwei* Arten von chemischen Reaktionen, solche, bei denen Stoffe *aufgebaut* werden, und solche, bei denen Stoffe *zerlegt* werden.

> Eine Reaktion, bei der aus zwei oder mehr Stoffen ein zusammengesetzter Stoff entsteht, ist eine ***Synthese***.
> Eine Reaktion, bei der aus einem Stoff zwei oder mehrere Stoffe entstehen, ist eine ***Analyse***.

Bei der Zerlegung eines Stoffes in seine Bestandteile kommt man schließlich zu chemischen Elementen (↗ S. 23).

> Elemente sind Stoffe, die sich nicht in weitere Stoffe zerlegen lassen (***Robert Boyle***, 1661).

BEACHTE In der Technik werden die Begriffe Synthese und Analyse zur Bezeichnung eines *Verfahrens* verwendet:
Unter Synthese versteht man die *Herstellung* von Stoffen, wobei neben den gewünschten Stoffen auch andere entstehen können.
Unter Analyse versteht man die *Untersuchung* von Stoffen nach Art und Menge ihrer Bestandteile.

BEISPIEL Bei der technischen Synthese von Kunststoffen entstehen viele Nebenprodukte. Bei der Analyse von Mineralwasser sucht man nach den Ionen (↗ S. 30), die im Wasser enthalten sind.

Energieumsatz chemischer Reaktionen

Alle chemischen Reaktionen sind mit einer Abgabe oder Aufnahme von Energie verbunden, meist als Wärme, manchmal – wie bei der Verbrennung – auch als Licht.

> Eine Reaktion, bei der Energie abgegeben wird, bezeichnet man als ***exotherme Reaktion***, eine Reaktion, bei der Energie aufgenommen wird, als ***endotherme Reaktion***.

BEISPIEL Die Reaktion von Magnesium mit Sauerstoff zu Magnesiumoxid ist exotherm, die Zerlegung von Silbersulfid in Silber und Schwefel ist endotherm.

3

Die genannten Reaktionen setzen in den meisten Fällen erst ein, nachdem die betreffenden Stoffe zunächst reaktionsfähig gemacht worden sind. Dieses Verfahren bezeichnet man als Aktivierung. Diese ***Aktivierung*** erfolgt vorwiegend durch Erwärmen.

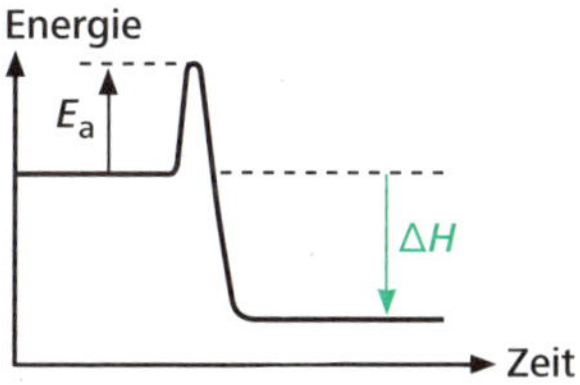

exotherme Reaktion

E_a Aktivierungsenergie
ΔH Reaktionsenergie

Die Reaktion läuft nach *einmaliger* Aktivierung *selbstständig* weiter. Die restliche Aktivierungsenergie wird durch die freigesetzte ΔH aufgebracht.

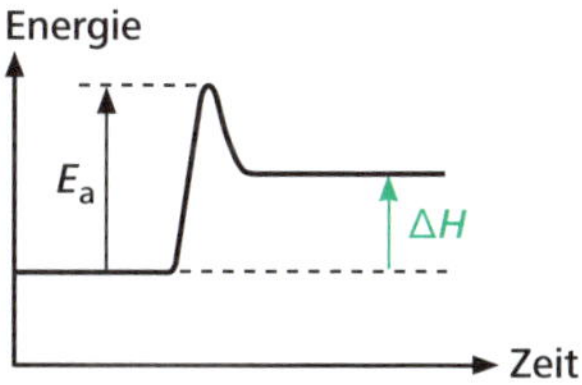

endotherme Reaktion

E_a Aktivierungsenergie
ΔH Reaktionsenergie

Zur Aufrechterhaltung der Reaktion muss *ständig* Energie zugeführt werden. Wird keine Energie mehr zugeführt, *bleibt* die Reaktion *stehen*.

BEISPIEL Wird ein Stück Magnesiumband mit einer Flamme erhitzt, so brennt es nach Zündung auch außerhalb der Flamme weiter. Wird bei der Zersetzung von Silbersulfid hingegen die Flamme entfernt, so findet keine Zersetzung mehr statt.

Eine Aktivierung kann außer durch Wärmezufuhr auch durch einen *elektrischen Funken* erfolgen.

BEISPIEL Ein Gemisch aus Benzindampf und Luft explodiert, wenn im Zylinder eines Verbrennungsmotors der Zündfunken überspringt.

Eine Aktivierung kann schließlich mithilfe eines ***Katalysators*** ermöglicht werden.

BEISPIEL Lässt man Wasserstoff über fein verteiltes *Platin* strömen, so entzündet er sich in Gegenwart von Luftsauerstoff von selbst.

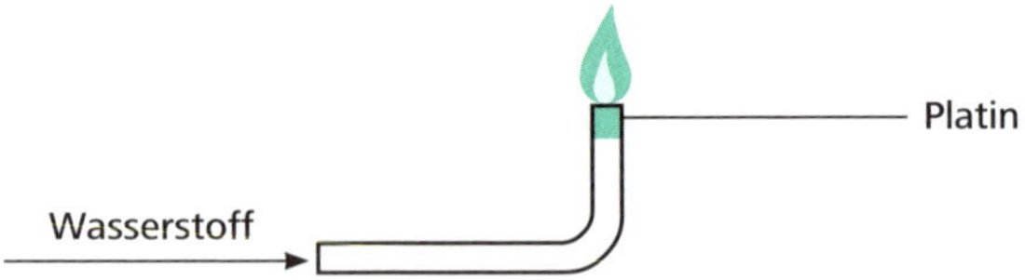

An der Oberfläche des fein verteilten Platins spalten sich die Wasserstoff*moleküle* in Wasserstoff*atome*. Diese sind so reaktionsfähig, dass sie sofort mit den Sauerstoffmolekülen der Luft reagieren.

Es gibt Reaktionen, die *nur* in Gegenwart eines Katalysators ablaufen.

BEISPIEL Der Zucker im Traubensaft reagiert unter Wirkung eines aus Hefe stammenden *Biokatalysators* zu Ethanol.

MERKE Ein Katalysator ist ein Stoff, der eine chemische Reaktion beschleunigt oder ermöglicht, ohne sich dabei selbst zu verändern.

3.2 Chemische Gesetze

Wenn Stoffe miteinander reagieren, dann kommt nicht jedes Mal etwas anderes heraus. Die Reaktionen erfolgen vielmehr auf der Grundlage bestimmter Gesetzmäßigkeiten.

Gesetz von der Erhaltung der Masse

Wenn man eine Kerze anzündet, verbrennt sie, bis sie irgendwann nicht mehr vorhanden ist. Ähnlich verhält es sich mit anderen brennbaren Stoffen: Sie verschwinden einfach.
Führt man die Verbrennung in einem geschlossenen Gefäß durch, verschwindet der Stoff zwar auch, die *Masse* des Gefäßinhalts bleibt jedoch konstant.

3

BEISPIEL Erhitzt man Streichhölzer in einem durch einen Luftballon verschlossenen Reagenzglas, verbrennen sie, ohne dass sich die Masse des Glasinhaltes verändert. Die Masse der Streichhölzer ist ebenso groß wie die Masse der Verbrennungsprodukte.

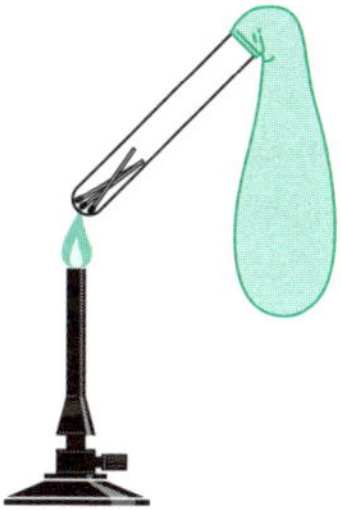

Masse kann also nicht einfach verschwinden. Sie tritt lediglich in Form anderer Stoffe auf. Auch bei allen anderen chemischen Reaktionen bleibt die Masse konstant. Diesen Sachverhalt beschreibt das ***Gesetz von der Erhaltung der Masse***:

> **Bei einer chemischen Reaktion geht weder Masse verloren noch kommt Masse hinzu.**

BEACHTE Das Gesetz von der Erhaltung der Masse nennt man auch *Massenerhaltungssatz.*

Gesetz der konstanten Massenverhältnisse

Lässt man beliebige Mengen von zwei Stoffen miteinander reagieren, so bleibt neben dem Reaktionsprodukt meistens auch von einem der Ausgangsstoffe etwas übrig.
Um *ohne* Rest miteinander zu reagieren, müssen die eingesetzten Massen der beteiligten Stoffe in einem ganz *bestimmten Verhältnis* vorliegen.

BEISPIEL Bei der Reaktion von Kupfer mit Schwefel zu Kupfersulfid reagieren die beiden Ausgangsstoffe immer im Massenverhältnis $m_{Cu} : m_S = 3{,}96 : 1$. Bei *allen anderen* Massenverhältnissen bleibt entweder Kupfer oder Schwefel übrig.

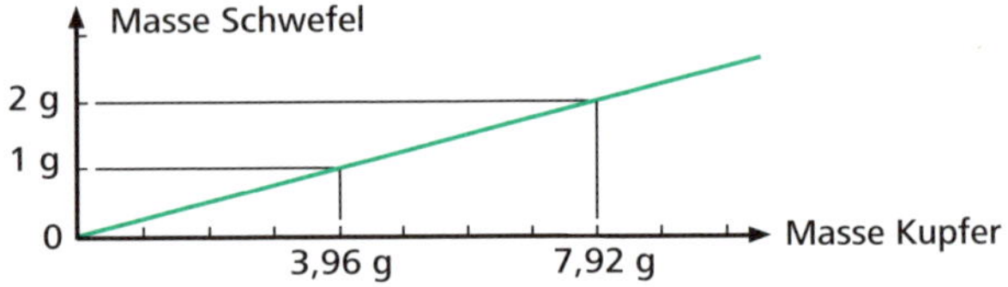

Reagieren Elemente zu einer Verbindung, geben die *Massen*verhältnisse der Elemente mithilfe ihrer Atommassen eine direkte Information über die *Teilchen*verhältnisse der Elementatome in der Verbindung (↗ ***Dalton***, S. 14).

BEISPIEL Die Atommasse von Kupfer beträgt 63,55 u, die Atommasse von Schwefel 32,06 u.
Das Massenverhältnis von jeweils 1 Atom Kupfer zu 1 Atom Schwefel beträgt 63,55 u : 32,06 u = 1,98 : 1. Die Elemente reagieren jedoch in einem Massenverhältnis von 3,96 : 1. Das ist das Doppelte. Demnach beträgt das *Teilchenverhältnis* von Kupferatomen und Schwefelatomen im Kupfersulfid 3,96 : 1,98 = 2 : 1.

Andere Stoffe – auch Verbindungen – reagieren miteinander in *anderen* Massenverhältnissen, die dabei ebenfalls konstant sind.

Diesen Sachverhalt beschreibt das ***Gesetz der konstanten Massenverhältnisse***:

> Bei einer Reaktion reagieren die beteiligten Stoffe stets in für sie typischen konstanten Massenverhältnissen.

Gasgesetze

Im *gasförmigen* Zustand zeigen Stoffe einige zusätzliche und gesetzmäßige Besonderheiten.

Gasportionen haben zwar eine Masse, häufig werden sie jedoch mit ihrem *Volumen* angegeben. Reagieren zwei Gase miteinander, so kann man feststellen, dass nur dann nichts von ihnen übrig bleibt, wenn ihre Volumina in einem *Verhältnis ganzer Zahlen* zueinander stehen.

BEISPIEL

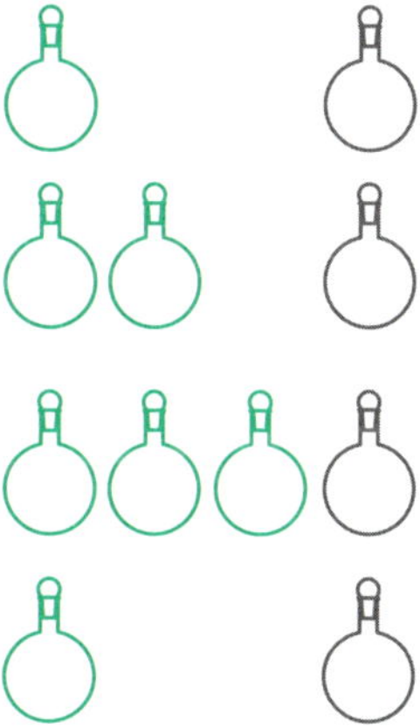

Wasserstoff und Chlor reagieren im Volumenverhältnis 1 : 1

Wasserstoff und Sauerstoff reagieren im Volumenverhältnis 2 : 1

Wasserstoff und Stickstoff reagieren im Volumenverhältnis 3 : 1

Chlorwasserstoff und Ammoniak reagieren im Volumenverhältnis 1 : 1

> Gase reagieren miteinander stets in Volumenverhältnissen kleiner *ganzer* Zahlen ***(Gasgesetz von Gay-Lussac, 1808)***.

Ist das Reaktionsprodukt von Gasreaktionen ebenfalls im gasförmigen Zustand, so steht sein Volumen zum Volumen der Ausgangsstoffe *ebenfalls* im Verhältnis kleiner ganzer Zahlen.

BEISPIEL Bei der Reaktion von zwei Liter Wasserstoff mit einem Liter Sauerstoff entstehen zwei Liter Wasserdampf.

Auf der Grundlage dieser Sachverhalte und der Atomhypothese von ***Dalton*** (↗ S. 14) formulierte ***Amadeo Avogadro*** im Jahr 1811 folgende Hypothese:

> **In einem bestimmten Gasvolumen sind bei gleichen Temperatur- und Druckbedingungen stets *gleich viele* Teilchen enthalten, unabhängig davon, um welches Gas es sich handelt.**

Dieser ***Satz von Avogadro*** beruht auf der Voraussetzung, dass die Nichtmetalle nicht in Form einzelner Atome, sondern als Moleküle (↗ S. 33) vorliegen.

BEISPIEL

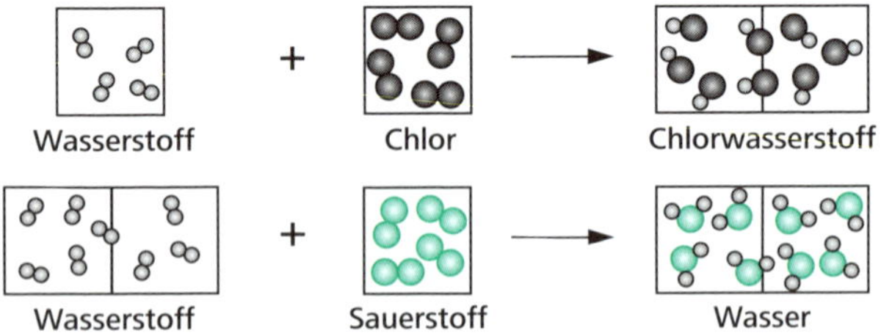

Der Zusammenhang zwischen den Größen Volumen V, Druck p und Temperatur T eines Gases wird durch drei weitere Gesetze ausgedrückt (vgl. POCKET TEACHER Physik, S. 52 ff.):

Das Volumen eines Gases ist bei konstantem Druck proportional zu seiner Temperatur: $V \sim T$ (***Gesetz von Gay-Lussac***).

Der Druck eines Gases ist bei konstantem Volumen proportional zu seiner Temperatur: $p \sim T$ (***Gesetz von Amontons***).

Das Produkt aus Druck und Volumen eines Gases ist bei konstanter Temperatur konstant: $p \cdot V = \text{konstant}$ (***Gesetz von Boyle-Mariotte***).

3.3 Reaktionsgleichungen

Zur Beschreibung einer chemischen Reaktion verwendet man eine ***Reaktionsgleichung***. Davon gibt es drei verschiedene Darstellungen:

- als Wortgleichung,
- als Teilchengleichung und
- als Symbolgleichung.

Aufstellen einer Reaktionsgleichung

Das Aufstellen einer Reaktionsgleichung soll anhand der Verbrennung von Magnesium durchgeführt werden.

1. Schritt

Zunächst muss man wissen, welche Ausgangsstoffe miteinander reagieren und welche Reaktionsprodukte entstehen. Das reicht bereits für eine ***Wortgleichung***.

Magnesium + Sauerstoff → Magnesiumoxid

2. Schritt

Kennt man die Teilchenstruktur von Edukten und Produkten, so kann man auch eine ***Teilchengleichung*** aufstellen und die Formeln (↗ S. 40) dazuschreiben.

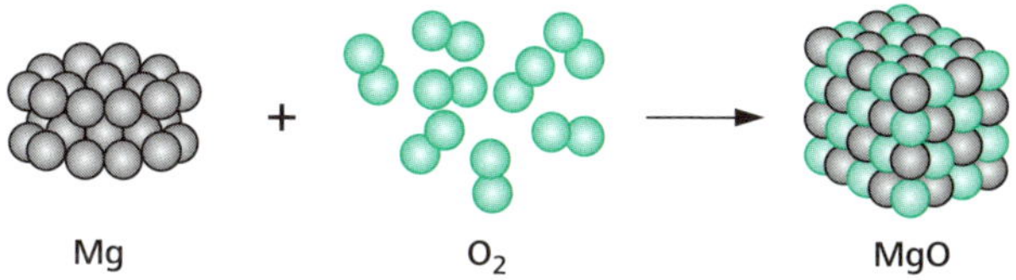

Die Teilchen der Edukte trennen sich voneinander und fügen sich im Produkt in anderer Anordnung neu zusammen.

3. Schritt

Mit den Formeln der Ausgangsstoffe und Produkte lässt sich eine vorläufige ***Symbolgleichung*** aufstellen:

$Mg + O_2 \rightarrow MgO$

4. Schritt

Beim Aufstellen einer Symbolgleichung berücksichtigt man nur die Teilchen, die miteinander reagieren (↗ Gesetz von der Erhaltung der Masse, S. 53). Daher muss die Anzahl der Atome bzw. Ionen auf beiden Seiten der Gleichung gleich sein. In unserem Beispiel sind auf der linken Seite der Reaktionsgleichung – symbolisch – ein Magnesiumatom und zwei Sauerstoffatome, auf der rechten Seite ein Magnesiumatom und ein Sauerstoffatom. Setzt man nun auf die linke Seite zwei Magnesiumatome, stimmt dort schon einmal das Teilchenverhältnis Mg : O.

$2\,Mg + O_2 \rightarrow MgO$

„Verdoppelt" man schließlich die rechte Seite, dann stimmt auch die Teilchenzahl auf beiden Seiten überein:

$2\,Mg + O_2 \rightarrow 2\,MgO$

BEACHTE Die „großen" Zahlen *vor* einer Formel beziehen sich auf *alle* darin enthaltenen Symbole, die „kleinen" Zahlen *hinter* einem Symbol beziehen sich *nur* auf das Symbol selbst.

BEISPIEL Wasserstoff reagiert mit Sauerstoff zu Wasser. Die Reaktionsgleichung lautet:

$2\,H_2 + O_2 \rightarrow 2\,H_2O$

Die Zahl „2" vor der Formel H_2O verdoppelt die *gesamte* Einheit H_2O, die Zahl „2" hinter „H" zeigt an, dass in einem Wassermolekül *zwei* Wasserstoffatome mit einem Sauerstoffatom verbunden sind.

BEACHTE Beim Einrichten einer Symbolgleichung dürfen die Formeln selbst *nicht* verändert werden.

Die nicht metallischen Elemente, die *zweiatomige* Moleküle bilden, werden dabei *immer* als zweiatomiges Molekül geschrieben. Die anderen Nichtmetalle werden indessen als „Atom" geschrieben.

BEISPIEL Schwefel reagiert mit Sauerstoff zu Schwefeldioxid.

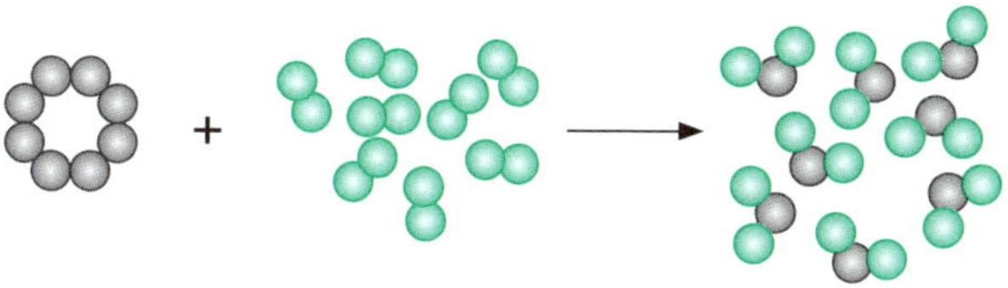

Die ausführliche Schreibweise müsste lauten:

$S_8 + 8\ O_2 \rightarrow 8\ SO_2$

Stattdessen schreibt man:

$S + O_2 \rightarrow SO_2$

BEACHTE Der Reaktionspfeil (→) in einer Reaktionsgleichung ist *kein* Gleichheitszeichen (=); Edukte und Produkte sind nicht die gleichen Stoffe.

Ionengleichungen

Magnesiumoxid ist ein Stoff, der aus *Ionen* aufgebaut ist. Da er bei der Reaktion von Magnesium mit Sauerstoff als *Festkörper* mit einem *Ionengitter* entsteht, schreibt man die Formel als MgO.

Anders ist es bei Reaktionen, bei denen die beteiligten Ionen *frei beweglich* sind, z. B. in *wässriger Lösung*. In diesen Fällen werden die *Ionen* auch in der Reaktionsgleichung als getrennte Ionen geschrieben.

BEISPIEL Calciumcarbonat (Kalk) ist in Wasser nicht löslich, löst sich jedoch in Salzsäure unter Abgabe von CO_2:

$$CaCO_3 + 2\,H^+ + 2\,Cl^- \rightarrow Ca^{2+} + H_2O + CO_2 + 2\,Cl^-.$$

Da die Chlorid-Ionen (Cl^-) an der Reaktion nicht beteiligt sind, kann man sie in der Reaktionsgleichung auch weglassen:

$$CaCO_3 + 2\,H^+ \rightarrow Ca^{2+} + H_2O + CO_2.$$

BEACHTE Die Gleichung

$$CaCO_3 + 2\,HCl \rightarrow CaCl_2 + H_2O + CO_2$$

ist nicht sinnvoll, denn sie legt nahe, dass Kalk mit *gasförmigem* Chlorwasserstoff (HCl) zu *festem* Calciumchlorid ($CaCl_2$) reagiert. Dies ist jedoch falsch!

Um Verwechslungen zu vermeiden, kann man nach jeder Formel in einer Reaktionsgleichung den jeweiligen Aggregatzustand angeben. Dafür gelten folgende Abkürzungen:

s	fest (engl. *solid*)
l	flüssig (engl. *liquid*)
g	gasförmig (engl. *gaseous*)
aq	als Ion in Wasser gelöst (engl. *aqueous*)

BEISPIEL

$$CaCO_3\,(s) + 2\,H^+\,(aq) \rightarrow Ca^{2+}\,(aq) + H_2O\,(l) + CO_2\,(g)$$

Bildet sich bei einer Reaktion zwischen zwei Ionen ein ebenfalls ionischer Stoff, der jedoch in Wasser *nicht* löslich ist, so schreibt man die Ionen in der Formel zusammen.

BEISPIEL Leitet man Kohlenstoffdioxid in die wässrige Lösung eines Calciumsalzes, so bilden die entstehenden Carbonat-Ionen mit den Calcium-Ionen einen weißen Niederschlag von Calciumcarbonat:

$Ca^{2+} + CO_3^{2-} \rightarrow CaCO_3.$

3.4 Chemisches Rechnen

Will man eine *bestimmte* Menge eines Stoffs herstellen, muss man wissen, wie viel von den Ausgangsstoffen dazu benötigt wird. Um das herauszufinden, sollte Folgendes bekannt sein:
- die genaue Reaktionsgleichung (Symbolgleichung),
- die Atommassen (↗ S. 25) der beteiligten Elemente.

Damit zwei Stoffe so miteinander reagieren, dass von ihnen nach der Reaktion nichts übrig bleibt, müssen die Massen der eingesetzten *Stoffportionen* in einem ganz bestimmten Verhältnis vorliegen (↗ S. 55, 63).

BEISPIEL Eisen reagiert mit Schwefel zu Eisensulfid.

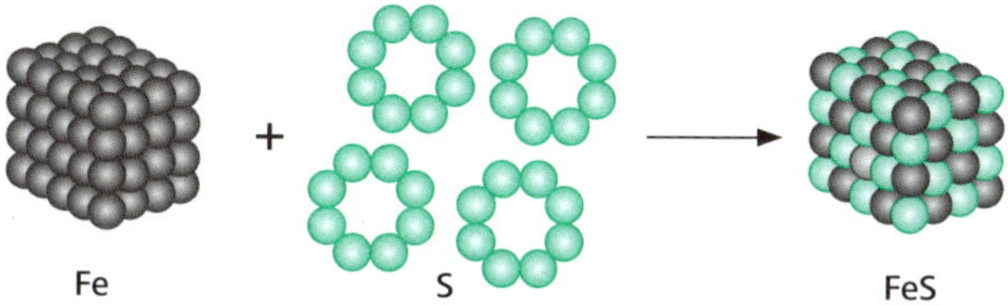

Da das *Teilchenverhältnis* im Eisensulfid 1 : 1 beträgt, müssen auch Eisen- und Schwefelatome im Verhältnis 1 : 1 reagieren.

Daraus folgt, dass die Massen beider Stoffportionen im *gleichen Verhältnis* zueinander stehen müssen wie die *Atommassen* der beteiligten Elemente.

BEISPIEL Die Atommasse von Eisen beträgt 55,85 u, die Atommasse von Schwefel beträgt 32,06 u. Das Massenverhältnis beider Stoffportionen muss also ebenfalls 55,85 : 32,06 betragen.

Stehen die Massen der Ausgangsstoffe im richtigen Verhältnis, so reagieren sie vollständig zum gewünschten Produkt, dessen Masse sich nach dem Gesetz von der Erhaltung der Masse (↗ S. 53) aus der Summe der Ausgangsmassen ergibt.

BEISPIEL 55,85 g Eisen reagieren mit 32,06 g Schwefel zu 87,91 g Eisensulfid.

Will man nun eine *bestimmte* Menge des Produkts herstellen, benötigt man entsprechend anteilige Mengen der Ausgangsstoffe.

BEISPIEL Die Herstellung von 10 g Eisensulfid erfordert einen Anteil von $\frac{10{,}00\text{ g}}{87{,}91\text{ g}} = 0{,}11$ der Ausgangsmassen.

Man benötigt also 55,85 g · 0,11 = 6,14 g Eisen und 32,06 g · 0,11 = 3,53 g Schwefel.

Die Stoffmenge

Ein Eisenatom hat die Masse 55,85 u, *ein* Schwefelatom die Masse 32,06 u. 55,85 g Eisen enthalten demnach *ebenso viele* Eisenatome wie 32,06 g Schwefel Schwefelatome.
Die Anzahl der Eisen- bzw. Schwefelatome in diesen Stoffportionen lässt sich einfach berechnen, denn es gilt:

$$\frac{\text{Anzahl Atome in Stoffportion}}{1\text{ Atom}} = \frac{\text{Masse der Stoffportion}}{\text{Masse von 1 Atom}}$$

$$\frac{N}{1} = \frac{55{,}85\text{ g}}{55{,}85\text{ u}} \quad \text{bzw.} \quad \frac{32{,}06\text{ g}}{32{,}06\text{ u}} \quad N = \frac{1\text{ g}}{1\text{ u}}$$

Die Atommasseneinheit 1 u (↗ S. 15) entspricht einer Masse von 1 u = 0,000 000 000 000 000 000 000 001 660 565 5 g. Setzt man diese Zahl ein, so ergibt sich für die Anzahl *N*:

$N = 602\,204\,490\,000\,000\,000\,000\,000 \approx 6{,}02 \cdot 10^{23}$ Atome.

BEACHTE Wenn ein moderner Computer, der in der Sekunde 200 Millionen Impulse zählen kann, Teilchen zählen könnte, bräuchte er zum Auszählen dieser riesigen Teilchenzahl etwa 100 Millionen Jahre!

> $6{,}02 \cdot 10^{23}$ Teilchen werden zusammengefasst unter der Bezeichnung 1 **Mol**.

BEACHTE „1 Mol" ist nichts anderes als die Abkürzung für $6{,}02 \cdot 10^{23}$ Teilchen, so wie die Abkürzung „1 Dutzend" für zwölf Teile steht.

Zur genauen Beschreibung einer Stoffportion gibt es demnach *drei* Möglichkeiten:

Stoffportion

Masse m	Volumen V	Stoffmenge n
Einheit: 1 kg	Einheit: 1 m^3	Einheit: 1 mol

MERKE Die ***Stoffmenge n*** ist wie die Masse oder das Volumen eine Angabe über die Größe einer Stoffportion. Die Einheit der Stoffmenge ist 1 Mol (abgekürzt „1 mol").

Die molare Masse

Die Stoffportion eines Elements oder einer Verbindung kann eine *beliebige* Masse haben. Bezieht man jedoch diese Masse auf das *Volumen* dieser Stoffportion, erhält man eine *stoffspezifische* Größe, die *Dichte*:

$$\frac{\text{Masse}}{\text{Volumen}} = \text{Dichte} \qquad \frac{m}{V} = \varrho.$$

Man kann jedoch die Masse einer Stoffportion auch auf die *Stoffmenge* dieser Stoffportion beziehen und erhält dadurch ebenfalls eine stoffspezifische Größe, die ***molare Masse M***:

$$M = \frac{\text{Masse}}{\text{Stoffmenge}} = \frac{m}{n}$$

Die Einheit der molaren Masse ist [*M*] = 1 g/mol.

MERKE Die Masse von 1 Mol eines *Elements* entspricht dem Zahlenwert der *Atommasse* mit der Einheit 1 Gramm. Die Masse von 1 Mol einer *Verbindung* entspricht dem Zahlenwert der *Molekülmasse* bzw. der *Formelmasse* (↗ S. 15) mit der Einheit 1 Gramm.

BEISPIEL

- Die Atommasse von Eisen ist 55,85 u. 1 mol Eisen*atome* hat eine Masse von 55,85 g: Die molare Masse von Eisen ist demnach 55,85 g/mol.
- Die Atommasse von Sauerstoff ist 16 u, die Molekülmasse ist 32 u. 1 mol Sauerstoffmoleküle hat eine Masse von 32 g. Die molare Masse von (molekularem) Sauerstoff ist 32 g/mol.
- Die Molekülmasse von Wasser (H_2O) ist 2 × 1 u + 1 × 16 u = 18 u. Die molare Masse von Wasser beträgt 18 g/mol.
- Die Formelmasse von Kochsalz (NaCl) ist 23 u + 35,5 u = 58,5 u. Die molare Masse von Kochsalz beträgt 58,5 g/mol.

MERKE Stoffportionen gleicher Stoffmenge enthalten stets gleich viele Teilchen.

In einer Reaktionsgleichung steht die Anzahl der Teilchen als Zahl vor den Stoffsymbolen. Daraus lässt sich sofort entnehmen, welche Stoffportionen miteinander reagieren.

BEISPIEL Bildung von Wasser aus Wasserstoff und Sauerstoff

Reaktionsgleichung:	2 H_2	+	1 O_2	→	2 H_2O
Teilchenebene:	2 Moleküle		1 Molekül		2 Moleküle
Stoffmenge:	2 mol		1 mol		2 mol
Masse:	2 × 2 g		1 × 32 g		2 × 18 g

Molare Lösungen

Viele Stoffe des täglichen Gebrauchs liegen nicht als Reinstoffe (↗ S. 9) vor, sondern in Wasser gelöst, als *Lösungen*.

BEISPIEL Essig ist eine 5%ige wässrige Lösung von Essigsäure (↗ S. 118).

Statt in *Prozent* wird die Konzentration von Lösungen (↗ S. 81) häufig in der Einheit mol/l angegeben. Die dazugehörende Größe ist die ***Stoffmengenkonzentration*** *c*:

$$\text{Stoffmengenkonzentration} = \frac{\text{Stoffmenge des gelösten Stoffs}}{\text{Volumen der Lösung}}.$$

BEISPIEL Natriumhydroxid (↗ S. 86) hat eine molare Masse von 40 g/mol. Sind in einem Liter Natronlauge 40 g Natriumhydroxid gelöst, bezeichnet man sie als *1-molar* (1 M–NaOH).

Die Stoffmengenkonzentration erweist sich als besonders geeignet bei der quantitativen Bestimmung unbekannter Anteile von Stoffen in einer Lösung.

BEISPIEL Will man die Konzentration einer Natronlauge bestimmen, führt man eine Neutralisation (↗ S. 91) mithilfe einer Säure bekannter Stoffmengenkonzentration durch:

$$H^+ + OH^- \rightarrow H_2O \quad \text{bzw.} \quad H_3O^+ + OH^- \rightarrow 2\,H_2O$$

1 mol Wasserstoff-Ionen (Oxonium-Ionen) neutralisieren genau 1 mol Hydroxid-Ionen (↗ S. 86).

Werden bei der Neutralisation der Natronlauge z. B. 10 ml einer 1-molaren Salzsäure benötigt, entspricht dies einem Verbrauch von 0,01 mol Wasserstoff-Ionen. In der vorgegebenen Menge Natronlauge sind dann ebenfalls 0,01 mol Hydroxid-Ionen bzw. Natriumhydroxid gelöst.

Lerncheck

Kapitel „Die chemische Reaktion“	O. K. ✓	Das muss ich noch mal lesen
Ich kann den Unterschied zwischen einem physikalischen Vorgang und einer chemischen Reaktion benennen.		S. 48, 49
Ich kann eine chemische Reaktion anhand des Teilchenmodells erklären.		S. 49
Ich kann die Begriffe Synthese und Analyse definieren.		S. 50
Ich kann die Begriffe *exotherme* Reaktion und *endotherme* Reaktion erklären.		S. 51
Ich kann die Funktion eines Katalysators beschreiben.		S. 52
Ich kann die chemischen Grundgesetze formulieren und an Beispielen darstellen.		S. 53, 54
Ich kann die Gasgesetze von ***Gay-Lussac*** und ***Avogadro*** benennen und darstellen.		S. 55, 56
Ich kann beschreiben, auf welche Weise Reaktionsgleichungen aufgestellt werden.		S. 57–60
Ich kann anhand einer Reaktionsgleichung die Massen der an der Reaktion beteiligten Stoffe berechnen.		S. 61–62
Ich kann die Stoffmenge „1 mol“ definieren und mit *molaren* Größen rechnen.		S. 62–65

Luft und Wasser

Luft und Wasser sind Stoffe, ohne die Leben nicht möglich ist. Deshalb hat man sie schon in der Antike neben Feuer und Erde als Grundstoffe bezeichnet, als Elemente. Dieser Begriff wird jedoch inzwischen anders definiert (↗ S. 23).

4.1 Luft

Luft ist der Stoff, der die Erde als gasförmige Hülle umgibt. Sie bildet die Atmosphäre der Erde.

Luft, ein Stoffgemisch

Luft ist ein Gemisch mehrerer Stoffe, die unter Normalbedingungen (↗ S. 9) gasförmig sind:

Bestandteil	Anteil in 100 Liter Luft
Stickstoff	78,10
Sauerstoff	20,93
Argon	0,934
Kohlenstoffdioxid	0,03
Neon	0,0018
Helium	0,0005
Methan	0,0002
Krypton	0,0001
Wasserstoff	0,00005
Stickstoffoxide	0,00005
Xenon	0,000009

Stickstoff ist unter Normalbedingungen ein farb- und geruchloses Gas. Es besteht aus zweiatomigen Stickstoffmolekülen (N_2) und hat wenig Neigung, mit anderen Stoffen zu reagieren. Daher auch der Name: Stickstoff „erstickt" die Flamme eines brennenden Stoffs.

Sauerstoff (Nachweis ↗ S. 152) ist ebenfalls ein farb- und geruchloses Gas. Normalerweise liegt es in Form zweiatomiger Moleküle vor (O_2). Es gibt jedoch eine Sorte, die aus dreiatomigen Molekülen besteht (O_3), das stechend riechende *Ozon* (gr. *ozon*, das Riechende).
Sauerstoff ist sehr reaktionsfähig:

- Er reagiert mit vielen Stoffen zu *Oxiden* (↗ S. 70).
- Er ist dafür verantwortlich, dass sich viele Stoffe an der Luft *zersetzen*, z. B. Fette (↗ S. 124).
- Er ermöglicht über die Atmung den *Stoffwechsel* in lebenden Organismen.

Argon, ***Neon***, ***Helium***, ***Krypton*** und ***Xenon*** sind Edelgase. Sie liegen in Form von Atomen vor und reagieren *nicht* mit anderen Stoffen: daher auch ihr Name.

Kohlenstoffdioxid (Nachweis ↗ S. 152) ist das Reaktionsprodukt bei der Verbrennung von Brennstoffen (z. B. Kohle und Heizöl) und bei der Atmung. Pflanzen benötigen Kohlenstoffdioxid für ihren Aufbau. Die wässrige Lösung von Kohlenstoffdioxid reagiert sauer (↗ S. 85). Zusammen mit höheren Konzentrationen von Methan (↗ S. 101) und *Stickstoffoxiden* ist Kohlenstoffdioxid verantwortlich für die zunehmende Erwärmung der Atmosphäre (Treibhauseffekt).

Reaktion mit Sauerstoff – Oxidation
Die typische Reaktion mit Sauerstoff ist die Verbrennung. Die Verbrennung ist eine exotherme Reaktion (↗ S. 51), wobei die Energie in Form von *Licht* und *Wärme* freigesetzt wird.

BEISPIEL Die Verbrennung von Holz, Kohle und Heizöl dient zu Heizzwecken, Kerzen und Öllampen werden zur Beleuchtung genutzt.

MERKE Flammenerscheinungen geben immer einen Hinweis auf brennende *Gase*. Dies gilt auch für Reaktionen mit anderen Stoffen als Sauerstoff.

Reagiert ein Stoff im *festen* Aggregatzustand mit Sauerstoff, erfolgt die Lichtabgabe als *Glühen*.

BEISPIEL Hält man ein Bündel Eisenwolle in die Flamme, so verglüht sie.

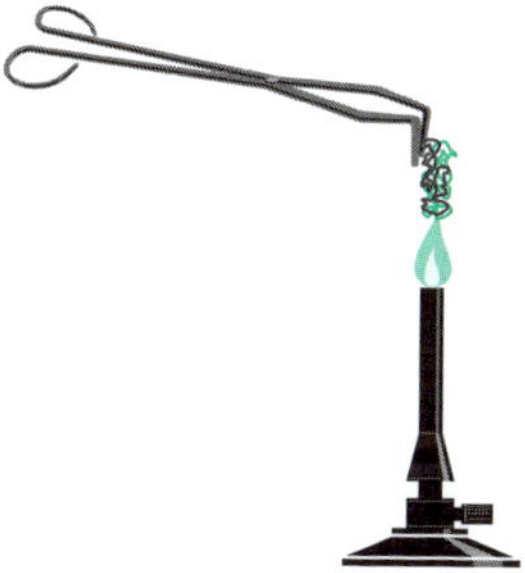

Manche Reaktionen mit Sauerstoff verlaufen *ohne* Lichterscheinung und sehr *langsam*.

BEISPIEL Das Rosten von Eisen und Stahl sowie die Prozesse beim biologischen Stoffwechsel.

Fein verteilte oder gasförmige Stoffe können mit Sauerstoff sehr *schnell* reagieren.

BEISPIEL Ein Gemisch von Wasserstoff und Sauerstoff verbrennt explosionsartig mit einem lauten Knall.

Damit ein Stoff mit Sauerstoff reagieren kann, muss er auf eine bestimmte Temperatur erhitzt werden.

> Die Temperatur, die ein brennbarer Stoff erreicht haben muss, um sich in Gegenwart von Sauerstoff von selbst zu entzünden, ist seine ***Entzündungstemperatur***.

BEISPIEL

brennbarer Stoff	Entzündungstemperatur/°C
Streichholz (Kopf)	≈ 60
Benzin	200–300
Heizöl	250
Papier	≈ 250
Holz	≈ 300
Feuerzeuggas	400
Spiritus	430
Kohle	350–600
Koks	700

Die bei der Reaktion mit Sauerstoff entstehenden Produkte sind Verbindungen des Sauerstoffs, ***Oxide***.

> Die Verbindung eines Elements mit Sauerstoff ist ein Oxid. Die Bildung von Oxiden heißt deshalb auch ***Oxidation***.

Bei der Verbrennung von Metallen entstehen ***Metalloxide***, bei der Verbrennung von Nichtmetallen entstehen ***Nichtmetalloxide***.

BEISPIEL Bei der Verbrennung von Magnesium entsteht Magnesiumoxid, bei der Verbrennung von Kohlenstoff entsteht Kohlenstoffdioxid.

$2\,Mg + O_2 \rightarrow 2\,MgO \quad C + O_2 \rightarrow CO_2$

MERKE Bei der Verbrennung von Brennstoffen entstehen *immer* Kohlenstoffdioxid und Wasser.

Alle Metalloxide sind unter Normalbedingungen fest und bilden meist ein Ionengitter (↗ S. 44). Nichtmetalloxide bestehen aus einzelnen Molekülen (↗ S. 33) und sind meist gasförmig.

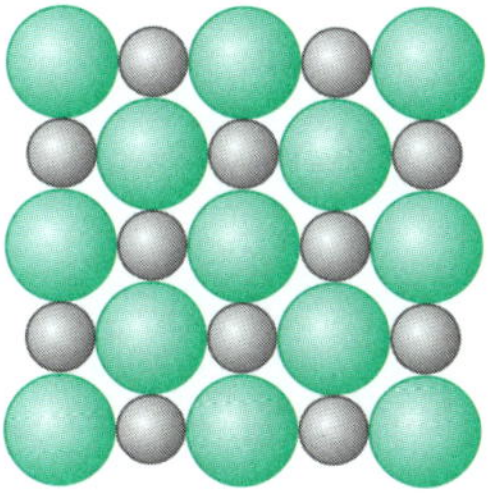

Magnesiumoxid

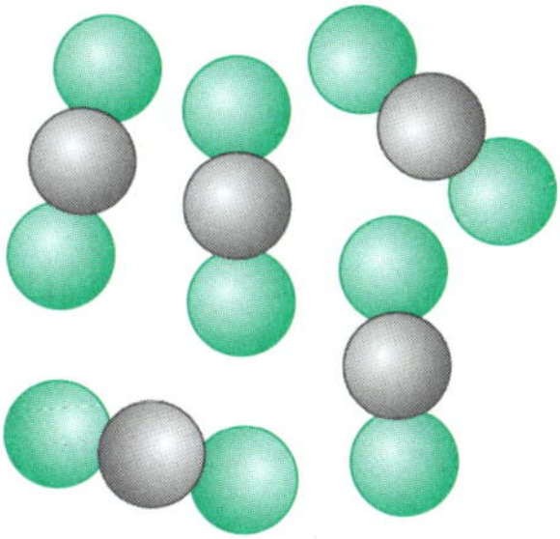

Kohlenstoffdioxid

Die Oxide der Alkalimetalle und einiger Erdalkalimetalle (↗ S. 25 f.) reagieren mit Wasser zu Hydroxiden. Die wässrigen Lösungen von Hydroxiden sind Laugen (↗ S. 89).

Einige Nichtmetalloxide reagieren mit Wasser zu Säuren (↗ S. 85). Die wässrigen Lösungen dieser Säuren sind sauer.

Entzug von Sauerstoff – Reduktion

Oxide in der Natur

Viele Metalle kommen in der Natur als Oxide vor und werden aus diesen gewonnen. Sie liegen dabei meist nicht als Reinstoffe (↗ S. 9) vor, sondern mit anderen Stoffen vermengt in einem *Gestein*.

Enthält ein Gestein den gewünschten Stoff, z. B. ein Oxid, in größerem Anteil, bezeichnet man es als ***Erz***. Besteht das Gestein (fast) vollständig aus dem gewünschten Stoff, bezeichnet man es als ***Mineral***.

BEISPIEL

Name	Art	Formel	Anteil %
Periklas (Magnesiumoxid)	Mineral	MgO	100
Magnetit (Eisenoxid)	Erz	Fe_3O_4	60–70
Hämatit (Eisenoxid)	Erz	Fe_2O_3	45–60
Korund (Aluminiumoxid)	Mineral	Al_2O_3	100

Metallgewinnung aus Oxiden

Um aus den Oxiden die Metalle zu erhalten, muss man ihnen den gebundenen Sauerstoff entziehen. Durch einfaches Erhitzen der Oxide gelingt das meistens nicht.

Schon in „grauen Vorzeiten" wurden Metalle aus ihren Erzen „erschmolzen", indem man diese mit Holz oder Holzkohle vermischte und die Mischung verbrannte. Das Holz bzw. die Holzkohle hat dabei zwei Funktionen:

- Die bei der Verbrennung frei werdende Wärme sorgt für die notwendige *Temperaturerhöhung*,
- der in Holz oder Holzkohle enthaltene bzw. beim Erhitzen gebildete *Kohlenstoff* entzieht dem Metalloxid den Sauerstoff und wird dadurch selbst zu *Kohlenstoffdioxid*.

BEISPIEL Eisenoxid reagiert mit Kohlenstoff zu Eisen und Kohlenstoffdioxid.

$$2\,Fe_2O_3 + 3\,C \rightarrow 4\,Fe + 3\,CO_2$$

Kohlenstoff hat ein größeres Bestreben, sich mit Sauerstoff zu verbinden, als Eisen.

> Die Zerlegung von Oxiden bezeichnet man als ***Reduktion*** (lat. *reducere*, zurückführen).

Bindungsbestreben der Elemente zu Sauerstoff

Nicht alle Metalloxide lassen sich mit Kohlenstoff reduzieren, nämlich dann nicht, wenn das *Metall* ein größeres Bindungsbestreben zu Sauerstoff hat als Kohlenstoff.

BEISPIEL Magnesium hat ein größeres Bindungsbestreben zu Sauerstoff als Kohlenstoff. Daher brennt ein Streifen Magnesiumband in einem mit Kohlenstoffdioxid gefüllten Becherglas weiter.

$2\ Mg + CO_2 \rightarrow 2\ MgO + C$

> Das Bestreben zweier Stoffe, miteinander eine Verbindung einzugehen, bezeichnet man als ***Affinität*** (lat. *affinis*, anverwandt).

Entsprechend ihrem unterschiedlichen Reaktionsbestreben zu Sauerstoff lassen sich die Elemente in einer Reihe zunehmender Affinität anordnen.

BEISPIEL

Affinität zu Sauerstoff nimmt ab ⟶

Magnesium —— Kohlenstoff —— Eisen —— Kupfer

⟵ Affinität zu Sauerstoff nimmt zu

Reduziert ein Element das Oxid eines anderen Elements, so wird es selbst *oxidiert*:

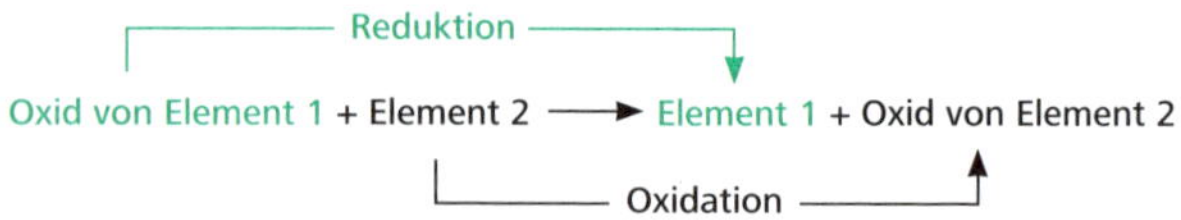

MERKE Eine Reduktion kommt nie allein vor, sondern ist immer mit einer gleichzeitig ablaufenden Oxidation verknüpft. Beide Reaktionen werden daher zusammenfassend als ***Redoxreaktion*** bezeichnet.

Theorie der Redoxreaktion

Bei jeder chemischen Reaktion finden zwischen den Teilchen der beteiligten Stoffe Prozesse statt, in denen Valenzelektronen beteiligt sind:

- Valenzelektronen *wechseln* von Teilchen des einen Stoffs zu Teilchen des anderen Stoffs: Es bilden sich Ionen (↗ S. 30).
- Valenzelektronen von Teilchen beider Stoffe ergänzen sich zu Elektronenpaaren: Es bilden sich Moleküle (↗ S. 33).

Auch bei Redoxreaktionen finden solche Vorgänge zwischen den Teilchen der beteiligten Stoffe statt.

BEISPIEL Bei der Oxidation von Magnesium *geben* die Magnesiumatome je zwei Elektronen *ab*. Die Sauerstoffatome *nehmen* jeweils zwei Elektronen *auf*.

$Mg \rightarrow Mg^{2+} + 2\,e^-$ $\quad$ $O + 2\,e^- \rightarrow O^{2-}$

Die Magnesium- und die Sauerstoff-Ionen fügen sich zusammen und bilden ein stabiles Ionengitter (↗ S. 44).

Diese *Abgabe* bzw. *Aufnahme* von Elektronen ist typisch für jede Redoxreaktion. Die allgemeine Definition von Oxidation und Reduktion lautet daher:

> *Oxidation* bedeutet *Abgabe* von Elektronen, *Reduktion* bedeutet *Aufnahme* von Elektronen.

Nach dieser Definition zählen dazu auch Reaktionen, an denen auch andere Reaktionspartner als Sauerstoff beteiligt sind. Atome dieser Stoffe müssen – wie bei Sauerstoff – in der Lage sein, Elektronen aufzunehmen, und mit diesen negativ geladene Ionen bilden.

BEISPIEL Bei der Reaktion von Natrium mit *Chlor* geben die Natriumatome Elektronen ab, die Chloratome nehmen Elektronen auf. Natrium wird also oxidiert, Chlor wird reduziert.

$Na \rightarrow Na^{+} + e^{-}$ $Cl + e^{-} \rightarrow Cl^{-}$

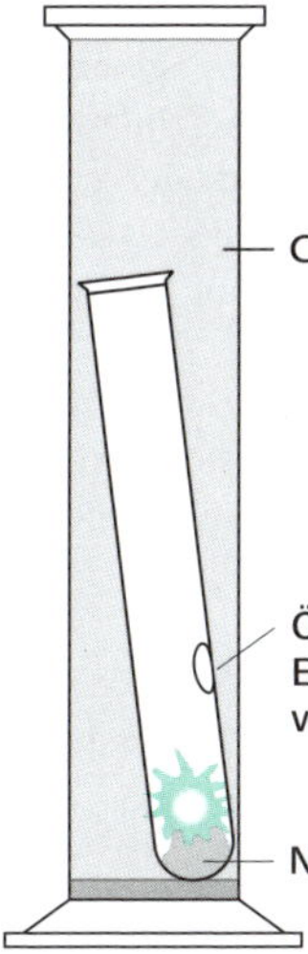

BEACHTE Bei der Reaktion mit Chlor verbrennt Natrium mit leuchtend gelber Flamme. Das Auftreten einer Lichterscheinung ist also *nicht* auf Reaktionen mit Sauerstoff beschränkt.

Die Definitionen von Oxidation und Reduktion lassen sich auch auf Redoxreaktionen anwenden, bei denen *Moleküle* entstehen. Dabei geht man davon aus, dass das Teilchen mit der größeren Elektronegativität (↗ S. 35) die Elektronen des gemeinsamen Elektronenpaars zu sich heranzieht, also „aufnimmt", während das Teilchen mit der geringeren Elektronegativität die Elektronen „abgibt".

BEISPIEL Kohlenstoff hat eine Elektronegativität von 2,5, Sauerstoff hat eine Elektronegativität von 3,5. Bei der Oxidation von Kohlenstoff gibt daher das Kohlenstoffatom „formal" vier Elektronen an zwei Sauerstoffatome ab.

4.2 Wasser

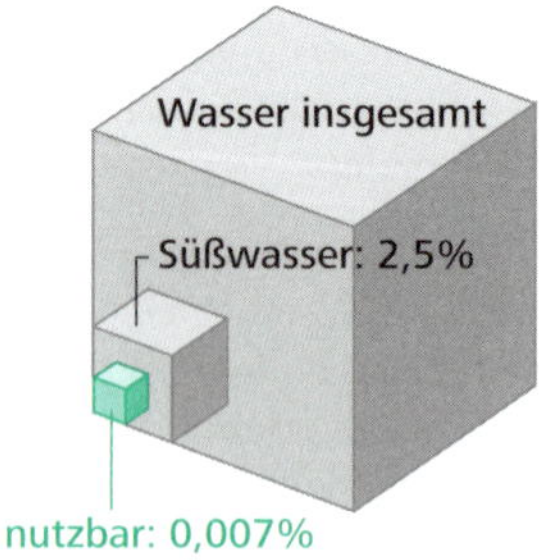

Wasser ist ein weitverbreiteter Stoff: Etwa drei Viertel der Erde sind damit bedeckt. Davon sind 97,5 % Salzwasser. Nur 0,007 % des gesamten Wassers kann als *Trinkwasser* genutzt werden, da der größte Teil des Süßwassers als Eis an Nord- und Südpol gebunden ist.
Wasser ist ein Oxid des Wasserstoffs, d. h. eine Verbindung der Elemente Wasserstoff und Sauerstoff. Ein Wassermolekül besteht aus einem Sauerstoff- und zwei Wasserstoffatomen und besitzt die Formel H_2O.

BEACHTE Außer Wasser gibt es noch ein weiteres Oxid von Wasserstoff: das Wasserstoff*per*oxid. Es hat die Formel H_2O_2.

Wasser entsteht bei der Verbrennung von *Wasserstoff* in einer stark exothermen Reaktion (↗ S. 51), die bei einem Gemisch aus Wasserstoff und Sauerstoff explosionsartig verläuft.

MERKE Ein Gemisch aus Wasserstoff und Sauerstoff bezeichnet man als *Knallgas*. Die explosionsartige Verbrennung von Wasserstoff-Luft-Gemischen ist eine *Nachweisreaktion* für Wasserstoff (↗ Knallgasprobe, S. 152).

Eigenschaften von Wasser

Wasser ist einer der außergewöhnlichsten Stoffe, die es gibt. Das liegt an einigen Eigenschaften, die bei Wasser „unnormal" sind.
Wasser hat eine Molekülmasse von 18 u und müsste demnach eine ähnliche Schmelz- und Siedetemperatur haben wie z. B.

Methan (↗ S. 100), das eine Molekülmasse von 16 u besitzt. Dieses ist jedoch nicht der Fall:

Eigenschaft	Methan	Wasser
Schmelzpunkt/°C	−184	0
Siedepunkt/°C	−164	+100

Wasser hat noch weitere merkwürdige Eigenschaften:

- Es hat eine hohe *Oberflächenspannung*, d. h., die Oberfläche von Wasser bildet eine Art „Haut", auf der sich z. B. Wasserläufer bewegen können, ohne unterzugehen.
- Beim Abkühlen von flüssigem Wasser nimmt die Dichte zunächst wie bei anderen Stoffen zu, unterhalb von 4 °C nimmt sie jedoch wieder ab.
- Beim Gefrieren nimmt das Volumen von Wasser sprungartig zu statt ab – wie bei „normalen" Stoffen. Eis schwimmt daher immer auf dem flüssigen Wasser.

MERKE Wasser hat seine größte Dichte bei 4 °C. Die Dichte von Eis ist demnach also geringer als die von flüssigem Wasser. Diese Besonderheit bezeichnet man als die ***Anomalie des Wassers***.

Alle diese Besonderheiten liegen in der *Molekülstruktur* des Wassers begründet.

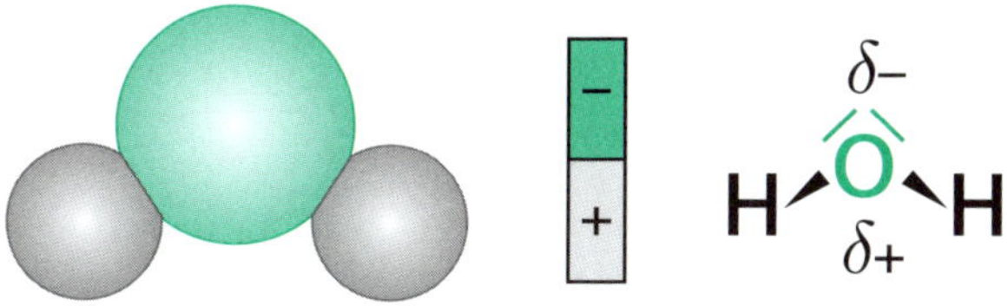

- Das Wassermolekül ist nicht linear, sondern gewinkelt (↗ Elektronenpaarabstoßungsmodell, S. 38).

- Das Sauerstoffatom besitzt eine größere Elektronegativität (↗ S. 35) als die Wasserstoffatome und zieht daher die bindenden Elektronenpaare stärker zu sich heran. Es erhält somit eine *negative* Teilladung, die beiden Wasserstoffatome jeweils eine *positive* Teilladung und es entstehen zwei polare Elektronenpaarbindungen (↗ S. 36).

Wäre das Wassermolekül *linear*, würden die Wirkungen der beiden Ladungsverschiebungen einander aufheben. Da das Wassermolekül jedoch *gewinkelt* ist, bildet es einen elektrischen ***Dipol***. Der negative Pol liegt beim Sauerstoffatom, der positive auf der Seite der beiden Wasserstoffatome.

> Stoffe, deren Moleküle die Eigenschaft eines Dipols haben, nennt man ***polare Stoffe***. Stoffe, deren Moleküle diese Eigenschaft nicht aufweisen, nennt man ***unpolare Stoffe***.

Aufgrund der Dipoleigenschaft sind Wassermoleküle in der Lage, sich mit den jeweils entgegengesetzten Polen aneinanderzulagern: Zwischen nicht bindenden Elektronenpaaren des Sauerstoffatoms und Wasserstoffatomen bilden sich dabei sogenannte ***Wasserstoffbrücken*** aus.

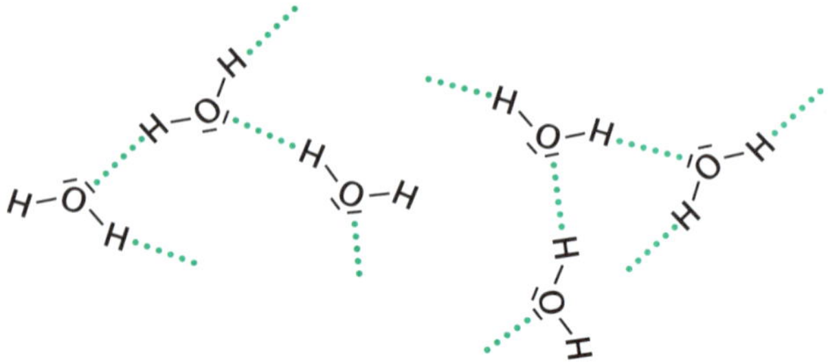

Molekülstruktur von flüssigem Wasser (Ausschnitt)

MERKE Die Verknüpfung von Molekülen über Wasserstoffbrücken bezeichnet man als ***Wasserstoffbrückenbindung***.

Wasserstoffbrückenbindungen sind *stärker* als ***Van-der-Waals-Kräfte*** (↗ S. 45) zwischen Molekülen.

Die starken Wasserstoffbrücken zwischen den Wassermolekülen erklären den hohen Schmelz- und Siedepunkt und auch die starke Oberflächenspannung des Wassers.

Beim festen Aggregatzustand des Wassers, beim *Eis*, bilden die Wassermoleküle über Wasserstoffbrücken eine regelmäßige und mit Hohlräumen versehene Gitterstruktur. Die Dichte von Eis ist daher geringer als die von flüssigem Wasser, in dem die Moleküle einen geringeren Abstand haben. Beim Schmelzen bleibt die Eisstruktur teilweise erhalten und löst sich erst bei 4 °C vollständig auf. Deshalb hat Wasser bei 4 °C seine größte Dichte.

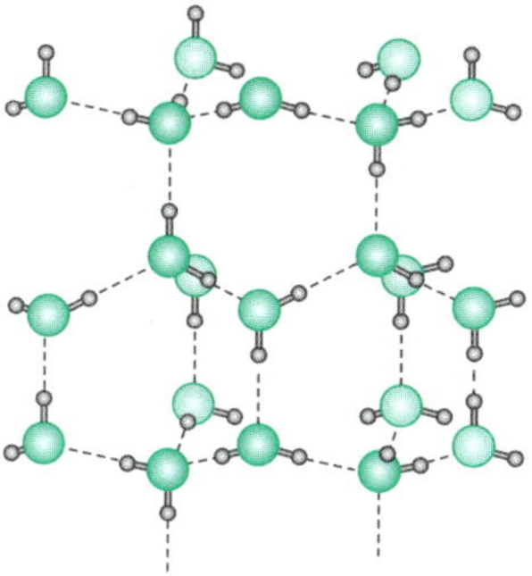

Molekülstruktur von festem Wasser (Eis)

Wasser als Lösemittel

Sowohl in der Natur als auch in der chemischen Industrie ist Wasser aufgrund seiner besonderen Eigenschaften ein weit verbreitetes Lösemittel.

Wasser ist als polarer Stoff ein sehr gutes Lösemittel für ionische Stoffe (↗ S. 45) und polare Stoffe, während sich unpolare Stoffe nur sehr schlecht in Wasser lösen.

Beim Lösen eines festen ionischen Stoffs lagern sich Wassermoleküle von außen an die Ionen, hüllen sie ein und lösen sie nacheinander aus dem Gitter. Dabei umgeben sich die positiv geladenen Ionen mit der negativ geladenen Seite des Wassermoleküls und die negativ geladenen Ionen mit der positiv geladenen Seite des Wassermoleküls.

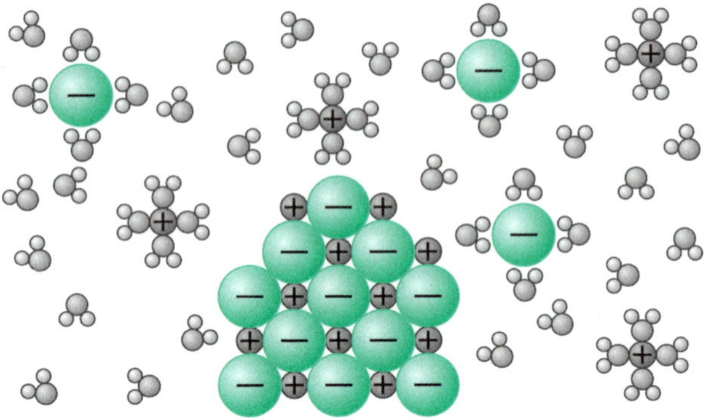

MERKE Das Einschließen von Ionen durch Wassermoleküle bezeichnet man als ***Hydratation***. Die Ionen werden durch diesen Vorgang *hydratisiert* (Wassernachweis, ↗ S. 152).

Sind die Coulomb-Kräfte (↗ S. 45) zwischen den Ionen sehr stark, dann sind die Wassermoleküle nicht in der Lage, das Ionengitter aufzulösen: Der betreffende Stoff ist in Wasser nicht löslich.

Polare Stoffe sind dann in Wasser löslich, wenn ihre Moleküle mit Wassermolekülen Wasserstoffbrückenbindungen eingehen können.

BEISPIEL Kohlenwasserstoffe (↗ S. 100) sind unpolare Stoffe und deshalb in Wasser nicht löslich, kurzkettige Alkohole sind jedoch wegen ihrer im Molekül gebundenen Hydroxylgruppen wasserlöslich (↗ S. 110).

Löslichkeit

Die meisten in Wasser löslichen Stoffe besitzen diese Eigenschaft nur in einem bestimmten Maß. Man beschreibt dies durch die ***Löslichkeit*** des betreffenden Stoffes in 100 g Wasser.

MERKE Die Löslichkeit bezeichnet die Masse der Stoffportion, die sich in 100 g Lösemittel maximal lösen lässt.

BEISPIEL Löslichkeit einiger Stoffe in 100 g Wasser

Stoff	Löslichkeit bei 20 °C
Kochsalz	36,0 g
Zucker	203,9 g
Gips	0,26 g
Sauerstoff	0,0043 g

4

Die Löslichkeit von Stoffen in Wasser ist temperatur- und druckabhängig:

MERKE Die Löslichkeit von *Feststoffen* nimmt mit steigender Temperatur (meist) *zu*. Die Löslichkeit von *Gasen* nimmt mit steigender Temperatur *ab*. Je höher der Druck, desto größer ist die Löslichkeit von Stoffen in Wasser.

Konzentration

Der Anteil eines gelösten Stoffes in einer Lösung wird durch seine ***Konzentration*** angegeben. Dabei gibt es drei Bezeichnungen:

- maximaler Anteil → gesättigte Lösung
- hoher Anteil → konzentrierte Lösung
- geringer Anteil → verdünnte Lösung

Anstelle der ungenauen Angaben „konzentriert“ und „verdünnt“ gibt es wiederum drei Möglichkeiten, die Konzentration einer Lösung genau anzugeben:

Der ***Massenanteil*** ω gibt an, wie viel *Gramm* des gelösten Stoffs in *100 g Lösung* enthalten sind.
Einheit: $[\omega] = 1\,g/100\,g$ (bzw. %)

BEISPIEL 37%ige Salzsäure bedeutet, dass in 100 g Säure 37 g Chlorwasserstoff gelöst sind.

Der ***Volumenanteil*** φ gibt an, wie viel Anteil eines ***Liters*** eines gelösten Stoffs in *einem Liter* Lösung enthalten ist.
Einheit: $[\varphi]$ = 1 Liter/1 Liter (bzw. Vol.-%)

BEISPIEL Der Alkoholgehalt im Wein liegt zwischen neun und 13 Vol.-%.

Die ***Massenkonzentration*** β gibt an, wie viel *Gramm* des gelösten Stoffs in *einem Liter Lösung* enthalten ist.
Einheit: $[\beta] = 1\,g/l$

BEISPIEL In einem Liter Nordseewasser sind ca. 33 g Salz gelöst.

Die ***Stoffmengenkonzentration*** c (↗ S. 65) gibt an, wie viel *Mol* des gelösten Stoffs in *einem Liter Lösung* enthalten ist.
Einheit: $[c] = 1\,mol/l$

BEACHTE Der Massenanteil eines Stoffs in der Lösung bezieht sich auf 100 g *Lösung*, die Löslichkeit eines Stoffes auf 100 g *Lösemittel*!

Lerncheck

Kapitel „Luft und Wasser"	O. K. ✓	Das muss ich noch mal lesen
Ich kann die wichtigsten Bestandteile der Luft benennen.		S. 67, 68
Ich kann die Reaktionsarten Oxidation und Reduktion benennen und anhand von Beispielen darstellen.		S. 68–72
Ich kann den Begriff Affinität erklären und dazu ein geeignetes Beispiel einer *Redoxreaktion* notieren.		S. 73
Ich kann eine Oxidation und eine Reduktion auf der Teilchenebene definieren.		S. 74, 75
Ich kann die besonderen Eigenschaften von Wasser nennen und auf der Teilchenebene erklären.		S. 76–79
Ich kann benennen und begründen, welche Art von Stoffen sich in Wasser löst und welche nicht.		S. 79–81
Ich kann drei Definitionen benennen und formulieren, auf welche Weise man den Anteil eines gelösten Stoffs in einem Lösemittel angeben kann.		S. 82

5 Säuren, Basen, Salze

5.1 Säuren und Basen

Als „Säuren“ bezeichnet man Stoffe, deren wässrige Lösung sauer schmeckt. Schon die alten Griechen verwendeten daher für „Essig“ und „sauer“ ähnliche Begriffe (gr. *oxos*, Essig; *oxys*, sauer).

Als „Basen“ bezeichnet man Stoffe, deren wässrige Lösung alkalisch (↗ S. 89) ist. Darunter verstand man ursprünglich Stoffe, die beim Erhitzen von Salzen (↗ S. 92 f.) als „Grundlage“ der Salze übrig bleiben (gr. *basis*, Grundlage).

Entwicklung des Säure- und Basebegriffs

Von Boyle bis Arrhenius

Die erste allgemeine Definition für Säuren entwickelte *Robert Boyle* (1627–1691):

> Säuren schmecken sauer und färben bestimmte Pflanzenfarbstoffe rot.

BEISPIEL Essig, eine wässrige Lösung von Essigsäure, färbt Rotkohl (Blaukraut) rot.

Antoine Lavoisier (1743–1794) stellte fest, dass man bei der Verbrennung von Nichtmetallen mit Sauerstoff Produkte (Nichtmetalloxide) erhält, deren Lösungen in Wasser *sauer* reagieren. Er gab deshalb dem Sauerstoff seinen Namen (fr. *oxygène* von gr. *oxys*, sauer und *gennan*, erzeugen), da er ihn für die Bildung von Säuren für notwendig hielt.

Säuren entstehen bei der Verbrennung von Nichtmetallen. Ihre wässrigen Lösungen sind sauer.

BEISPIEL Bei der Reaktion von Schwefeldioxid mit Wasser entsteht schweflige Säure, bei der Reaktion von Kohlenstoffdioxid mit Wasser entsteht Kohlensäure.

$SO_2 + H_2O \rightarrow H_2SO_3$ $CO_2 + H_2O \rightarrow H_2CO_3$

BEACHTE Nur die *wasserlöslichen* Nichtmetalloxide reagieren mit Wasser zu Säuren.

Metalloxide reagieren mit Wasser zu ***Hydroxiden.*** Hydroxide sind Basen, denn eine wässrige Lösung von Hydroxiden reagiert *alkalisch*.

Hydroxide entstehen bei der Reaktion von Metalloxiden und Wasser.

BEISPIEL Bei der Reaktion von Calciumoxid mit Wasser entsteht Calciumhydroxid, eine Base.

$CaO + H_2O \rightarrow Ca\,(OH)_2$

BEACHTE Nur die *wasserlöslichen* Metalloxide reagieren mit Wasser zu Hydroxiden.

Justus v. Liebig (1803–1873) erkannte anhand der Zusammensetzung von Blausäure (HCN), dass nicht der Sauerstoff, sondern der Wasserstoff der wesentliche Bestandteil aller Säuren ist.

Alle Säuren enthalten Wasserstoff. Dieser Wasserstoff kann durch Metalle ersetzt werden und es entstehen dann Salze.

BEISPIEL Salzsäure (HCl), Blausäure (HCN).

Svante Arrhenius (1859–1927) erklärte die elektrische Leitfähigkeit der wässrigen Lösungen von Säuren und Basen mit dem Vorhandensein beweglicher Ionen (↗ S. 30) in der Lösung, die beim Lösen der Stoffe in Wasser entstehen.

> ***Säuren*** sind Stoffe, die beim Auflösen in Wasser in Wasserstoff-Ionen und Säurerest-Ionen zerfallen.
> ***Basen*** sind Stoffe, die in Wasser in Hydroxid-Ionen und Metall-Ionen zerfallen.

BEISPIEL Salzsäure (HCl) zerfällt zu H^+ und Cl^-; Natriumhydroxid (NaOH) zerfällt zu Na^+ und OH^-.

> Das Zerfallen von Stoffen in bewegliche Ionen bezeichnet man als elektrolytische ***Dissoziation*** (lat. *dissociare*, trennen).

Säuren sind molekulare Stoffe (↗ S. 44). Bei der Dissoziation von Säuren werden die Säuremoleküle in Ionen gespalten.

Hydroxide sind dagegen ionische Stoffe (↗ S. 44). Sie bilden ein *Ionengitter* aus Metall-Ionen und Hydroxid-Ionen. Bei der Dissoziation von Hydroxiden werden daher nur die Ionen durch Wassermoleküle voneinander getrennt (↗ S. 79).

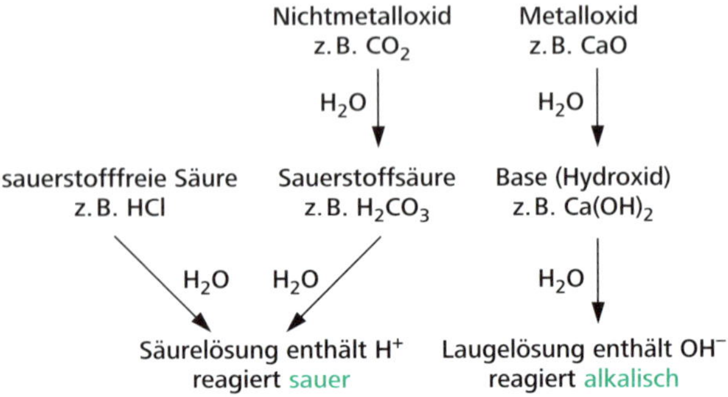

Die Säure-Base-Theorie von Brönsted

Die Definition von *Arrhenius* beschränkte sich lediglich auf Säuren und auf Hydroxide sowie Wasser als Lösemittel. Viele Stoffe bilden aber saure bzw. alkalische Lösungen, ohne zu den eigentlichen Säuren bzw. Hydroxiden zu gehören.

Johannes Brönsted (1879–1947) entwickelte daher eine neue Definition für Säuren und Basen:

> **Eine Säure ist ein Teilchen, das Protonen abgeben kann.**
> **Eine Base ist ein Teilchen, das Protonen aufnehmen kann.**

BEISPIEL Bei der Dissoziation von Chlorwasserstoff entsteht eine wässrige Lösung von Salzsäure.

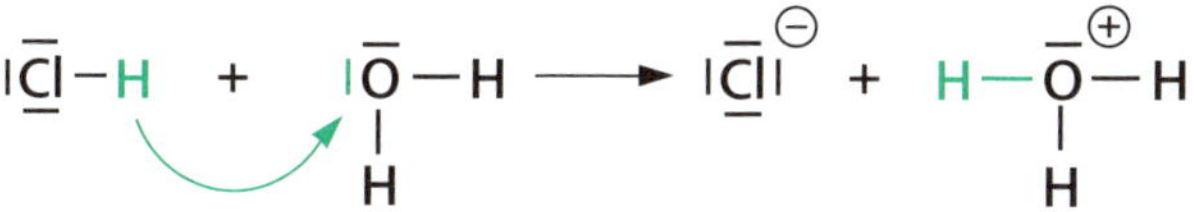

Das Chlorwasserstoffmolekül spaltet ein Proton *ab*, ist also eine *Säure*. Das Wassermolekül nimmt das Proton *auf*, ist also eine *Base*.

Durch die Abspaltung des Protons verbleibt das ursprünglich bindende Elektronenpaar beim Chloratom und es entsteht ein negativ geladenes *Chlorid-Ion*. Durch die Anlagerung des Protons an ein nichtbindendes Elektronenpaar des Wassermoleküls entsteht ein positiv geladenes *Oxonium-Ion*.

BEISPIEL Ammoniak (NH_3) löst sich in Wasser zu alkalisch reagierendem „Ammoniumhydroxid".

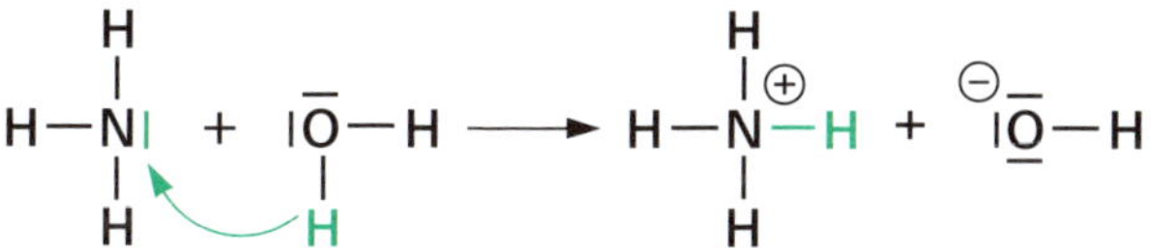

Das Ammoniakmolekül nimmt ein Proton *auf*, ist also eine *Base*. Das Wassermolekül gibt ein Proton *ab*, ist also eine *Säure*.

Durch die Aufnahme des Protons wird das Ammoniakmolekül zu einem positiv geladenen *Ammonium-Ion*. Durch die Abgabe des Protons wird das Wassermolekül zu einem negativ geladenen *Hydroxid-Ion*.

BEACHTE Nach *Brönsted* kennzeichnen die Begriffe „Säure“ und „Base“ eine *Funktion bei einer chemischen Reaktion* und nicht, wie bei früheren Definitionen, einen Stoff.

BEISPIEL Wasser kann je nach Reaktionspartner sowohl die Funktion einer *Säure* als auch die einer *Base* haben.

Eigenschaften von Säuren und Basen

Eigenschaften von Säuren

Säuren haben häufig eine ätzende Wirkung auf Haut und Atemwege. Im wasserfreien Zustand sind sie jedoch nicht sauer, sondern nur in wässriger Lösung.

MERKE Ein Stoff ist nur dann sauer, wenn er ***Oxonium-Ionen*** (H_3O^+), bzw. – vereinfachend – ***Wasserstoff-Ionen*** (H^+), enthält.

Typisch für saure Lösungen ist ihre Reaktion mit Metallen.

BEISPIEL Magnesium wird von Salzsäure (in wässriger Lösung H^+ und Cl^-) aufgelöst.

$$Mg + 2\,H^+ + 2\,Cl^- \rightarrow Mg^{2+} + 2\,Cl^- + H_2$$

Bei der Reaktion bleibt das Chlorid-Ion unverändert. Die Reaktion findet nur zwischen den Wasserstoff-Ionen und den Magnesiumatomen statt.

Eine vereinfachte Reaktionsgleichung berücksichtigt daher nur die Reaktionspartner:

$$Mg + 2\,H^+ \rightarrow Mg^{2+} + H_2.$$

BEACHTE Diese Reaktion ist ein Beispiel für eine Redoxreaktion (↗ S. 74): Die Magnesiumatome geben Elektronen ab, werden also *oxidiert*, die Wasserstoff-Ionen nehmen Elektronen auf, werden also *reduziert*.

Eigenschaften von Basen

Hydroxide haben ein Ionengitter (↗ S. 44) und sind daher bei Zimmertemperatur fest. Die meisten Hydroxide sind in Wasser schwer- bzw. unlöslich.

MERKE Nur die Hydroxide von Alkalimetallen und einigen Erdalkalimetallen sind wasserlöslich.

> Die wässrigen Lösungen von Alkali- und Erdalkalihydroxiden sind *alkalisch*. Man bezeichnet sie als ***Laugen***.

BEISPIEL

Hydroxid	Formel	wässrige Lösung
Natriumhydroxid	$NaOH$	Natronlauge
Kaliumhydroxid	KOH	Kalilauge
Calciumhydroxid	$Ca(OH)_2$	Kalkwasser

Laugen fühlen sich „seifig“ an und sind, vor allem in konzentrierter Form, stark ätzend. Laugenspritzer auf das Auge können zur Erblindung führen.

MERKE Eine Lösung ist alkalisch, wenn sie Hydroxid-Ionen (OH^-) enthält.

Der pH-Wert

Einige Pflanzenfarbstoffe zeigen mit Säurelösungen und Laugen charakteristische Färbungen.

BEISPIEL Rotkohlsaft färbt sich bei Zugabe von Säuren *rot* und bei Zugabe von Laugen *blau*.

Auch andere Farbstoffe zeigen an, ob eine Lösung sauer oder alkalisch ist. Man bezeichnet sie als ***Indikatoren***.

BEISPIEL

Indikatoren	wird bei Säuren	wird bei Laugen
Lackmus	rot	blau
Phenolphthalein	farblos	lilarosa
Bromthymolblau	gelb	blau

Wenn man wissen will, wie *stark* sauer bzw. alkalisch eine Lösung ist, verwendet man eine Mischung aus verschiedenen Indikatorfarbstoffen, einen sogenannten *Universalindikator*, der je nach Konzentration der Lösung eine unterschiedliche Farbe zeigt.

rot ←→ orange ←→ grün ←→ blau ←→ violett

0	1	2	3	4	5	6	7	8	9	10	11	12	13	14

← stärker sauer ← NEUTRAL → stärker alkalisch →

→ schwächer sauer → NEUTRAL ← schwächer alkalisch ←

Jedem Farbton der abgestuften Farbskala ist ein Zahlenwert zugeordnet, der sogenannte ***pH-Wert***.
Der pH-Wert macht eine Aussage darüber, wie stark sauer bzw. alkalisch eine Lösung ist.

> *Saure* Lösungen haben einen pH-Wert von <7.
> *Alkalische* Lösungen haben einen pH-Wert von >7.
> Lösungen mit dem pH-Wert 7 reagieren weder sauer noch alkalisch. Sie sind *neutral*.

BEISPIEL Lösungen mit verschiedenen pH-Werten (↗ S. 91)

Beispiel	pH-Wert
Magensaft	1,8–4,0
Zitronensaft	2,2–2,4
Essig	2,2–3,4
Regen	5,6
reines Wasser	7,0
Dünndarmsaft	8,0–9,0
Seifenlösung	9,0–10,0

Neutralisation von Säuren und Basen

Vor einigen Jahren versuchte man, die Waldschäden, die durch die Einwirkung des *sauren Regens* verursacht worden waren, durch Ausstreuen von *basischen Stoffen* als Gegenmittel einzudämmen.

Bei der Reaktion von Säuren mit Basen können beide Stoffarten einander in ihrer Wirkung aufheben. Diesen Vorgang bezeichnet man deshalb als ***Neutralisation***.

BEISPIEL Neutralisation von Salzsäure mit Natronlauge

$$H^+ + Cl^- + Na^+ + OH^- \rightarrow Na^+ + Cl^- + H_2O$$

Die in der Lösung enthaltenen Chlorid-Ionen und Natrium-Ionen sind an der Neutralisation nicht beteiligt. Deshalb kann man sie in der Reaktionsgleichung auch weglassen:

$$H^+ + OH^- \rightarrow H_2O.$$

Es ist demnach egal, welche Säure mit welcher Base neutralisiert wird. Es reagieren immer nur die Wasserstoff-Ionen und die Hydroxid-Ionen. Dabei entsteht eine neutrale Lösung mit dem pH-Wert 7.

Bei einer Neutralisation reagieren Wasserstoff-Ionen (Oxonium-Ionen) mit Hydroxid-Ionen zu Wassermolekülen.

BEACHTE Die Neutralisation ist eine stark exotherme Reaktion (↗ S. 51). Daher darf man *niemals* konzentrierte Säurelösungen und Laugen zusammenschütten: Es besteht erhöhte Spritzgefahr!

5.2 Salze

Spricht man im Alltag von Salz, so meint man für gewöhnlich das Kochsalz, das im Haushalt eine so große Rolle spielt. Es gibt jedoch eine Vielzahl von ***Salzen***, die folgende gemeinsame Eigenschaften haben:

Eigenschaften von Salzen

- Salze sind aus Ionen (↗ S. 30) aufgebaut. Sie bilden daher ein Ionengitter (↗ S. 44) und sind bei Normaltemperatur fest.
- Salze bestehen aus positiv geladenen Metall-Ionen und negativ geladenen Säurerest-Ionen (↗ S. 85).

Salze lassen sich demnach bestimmten Säuren zuordnen:

Säuren		Salze	
Name	Formel	Säurerest	Formel
Salzsäure	HCl	Chlorid	Cl^-
Flusssäure	HF	Fluorid	F^-
Bromwasserstoffsäure	HBr	Bromid	Br^-
Iodwasserstoffsäure	HI	Iodid	I^-
Schwefelsäure	H_2SO_4	Sulfat	SO_4^{2-}
Kohlensäure	H_2CO_3	Carbonat	CO_3^{2-}
Phosphorsäure	H_3PO_4	Phosphat	PO_4^{3-}
Salpetersäure	HNO_3	Nitrat	NO_3^-

(Nachweise für einige Säurereste ↗ S. 152).

Salzbildungsreaktionen

Für die Herstellung von Salzen gibt es einige grundlegende Möglichkeiten:

- **direkte Synthese aus einem Metall und einem Nichtmetall**
  Einige Nichtmetalle, z. B. die Halogene (↗ S. 26), sind in der Lage, mit Metallen zu reagieren. Dabei entstehen Salze direkt im *festen* Aggregatzustand.

BEISPIEL Reaktion von Chlor mit Metallen (z. B. Natrium) zu Chloriden (z. B. Natriumchlorid) (↗ S. 75).

$$2\,Na + Cl_2 \rightarrow 2\,NaCl$$

- **aus einer Reaktion von Metall und Säure**
  Nach einer Reaktion von Metall und Säure enthält die Lösung Metall-Ionen und Säurerest-Ionen (↗ S. 88).

5

BEISPIEL Reaktion von Magnesium mit Salzsäure

$$Mg + 2\,H^+ + 2\,Cl^- \rightarrow Mg^{2+} + 2\,Cl^- + H_2$$

Lässt man das Wasser der entstandenen Salz*lösung* verdunsten, fügen sich Metall-Ionen und Säurerest-Ionen zu einem Ionengitter zusammen: Es bildet sich das feste Salz.

- **aus einer Reaktion von Säure und Base**
  Nach der Neutralisation von Säure und Base enthält die Lösung ebenfalls Metall-Ionen und Säurerest-Ionen.

BEISPIEL Neutralisation von Salzsäure mit Natronlauge

$$H^+ + Cl^- + Na^+ + OH^- \rightarrow Na^+ + Cl^- + H_2O$$

Lässt man das Wasser der entstandenen Salzlösung verdunsten, entsteht das feste Salz.

- **aus einer Reaktion von Metalloxid und Säure**
  Viele Metalle reagieren – wenn sie längere Zeit an der Luft liegen – mit dem in der Luft enthaltenen Sauerstoff und bilden eine mehr oder weniger dicke Oxidschicht. Metalle, deren

Oberfläche durch solch eine Oxidschicht matt geworden ist, lassen sich mit Säuren wieder blankmachen.

BEISPIEL Reaktion von Kupferoxid mit Salzsäure

$CuO + 2\,H^+ + 2\,Cl^- \rightarrow Cu^{2+} + 2\,Cl^- + H_2O$

Auch hierbei entsteht das feste Salz (in diesem Beispiel Kupferchlorid $CuCl_2$), wenn man das Wasser der Lösung verdunsten lässt.

5.3 Elektrolyse

Gemeinsames Merkmal von Lösungen der Salze, Säuren und Basen ist ihre Eigenschaft, den elektrischen Strom zu leiten. Der Ladungstransport erfolgt durch die in den wässrigen Lösungen enthaltenen Ionen.

Die in die Lösung eintauchenden ***Elektroden*** sind Stäbe aus Metall oder Kohle. Die mit dem *Pluspol* der Spannungsquelle verbundene Elektrode bezeichnet man als ***Anode***, die mit dem Minuspol verbundene Elektrode bezeichnet man als ***Kathode***.

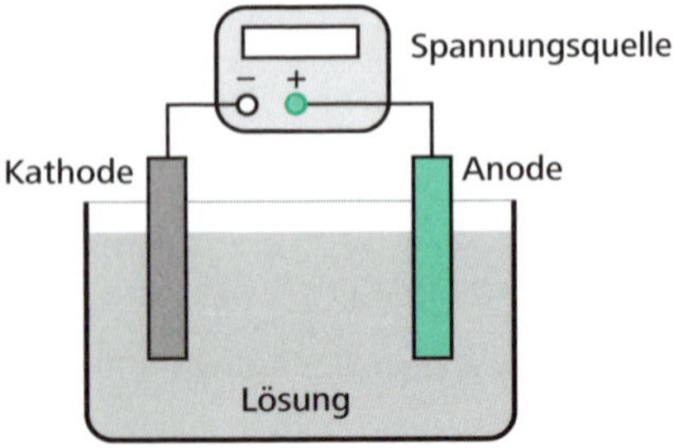

BEACHTE Nur wenn frei bewegliche Ionen vorhanden sind, kann ein elektrischer Strom fließen. Im festen Salzkristall sind die Ionen hingegen *unbeweglich*.

Durch den elektrischen Strom werden die in der Lösung enthaltenen Stoffe durch eine chemische Reaktion in ihre Bestandteile zerlegt.

> Die Zerlegung eines Stoffes durch den elektrischen Strom nennt man ***Elektrolyse*** (gr. *lyein*, lösen). Eine Lösung, deren Bestandteile sich durch den elektrischen Strom zerlegen lassen, nennt man ***Elektrolyt***.

BEISPIEL Bei der Elektrolyse einer wässrigen Lösung von Zinkchlorid wird der Stoff in Zink und Chlor zerlegt.

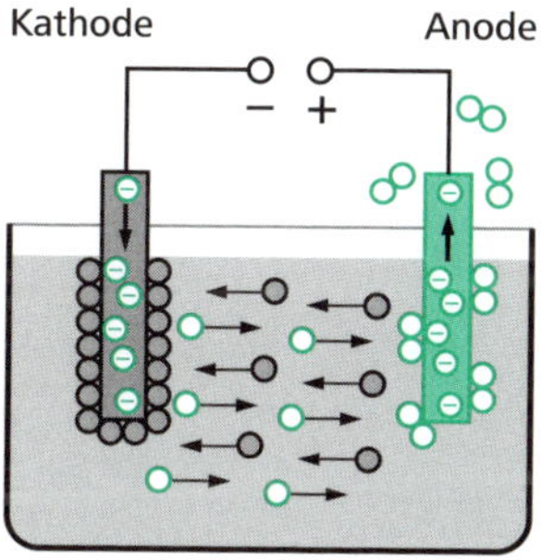

Reaktion an der Anode

$2\,Cl^- \rightarrow 2\,Cl + 2\,e^-$

$Cl + Cl \rightarrow Cl_2$

Gasförmiges Chlor steigt auf.

Reaktion an der Kathode

$Zn^{2+} + 2\,e^- \rightarrow Zn$

Festes Zink setzt sich ab.

○ Chlor
● Zink

Die negativ geladenen Ionen werden von der positiv geladenen *Anode* angezogen, *geben* dort Elektronen *ab* und werden dadurch entladen.
Die positiv geladenen Ionen werden von der negativ geladenen *Kathode* angezogen, *nehmen* dort Elektronen *auf* und werden ebenfalls entladen.
An beiden Elektroden bilden sich die Bestandteile des durch den Strom zerlegten Stoffs.

Ionen, die zur Anode (Pluspol) wandern, bezeichnet man als ***Anionen***. Ionen, die zur Kathode (Minuspol) wandern, bezeichnet man als ***Kationen***.

MERKE Anionen sind *negativ* geladen, Kationen sind *positiv* geladen. Säurerest-Ionen und Hydroxid-Ionen sind Anionen. Oxonium-Ionen (Wasserstoff-Ionen) und Metall-Ionen sind Kationen.

Lerncheck

Kapitel „Säuren, Basen, Salze“	O. K. ✓	Das muss ich noch mal lesen
Ich kann die Definitionen von Säuren und Basen nach der Theorie von *Arrhenius* formulieren und entsprechende Beispiele nennen.		S. 86
Ich kann die Säure-Base-Theorie nach *Brönsted* formulieren und geeignete Beispiele notieren.		S. 87, 88
Ich kann die charakteristischen Teilchen in sauren und alkalischen Lösungen benennen.		S. 88, 89
Ich kann den pH-Wert einer Lösung interpretieren.		S. 89–91
Ich kann den Begriff Neutralisation beschreiben und erklären.		S. 91, 92
Ich kann die vier Salzbildungsreaktionen formulieren und anhand von Reaktionsgleichungen darstellen.		S. 93, 94
Ich kann den Vorgang einer Elektrolyse beschreiben und auf Teilchenebene erklären.		S. 94–96

6 Organische Chemie

6.1 Charakter der organischen Chemie

Früher stellte man die organische Chemie der anorganischen Chemie gegenüber. Verbindungen, die tierischen oder pflanzlichen Ursprungs waren, galten als *organisch* und wurden mit den *anorganischen* Stoffen der unbelebten Natur verglichen.

MERKE Historische Einteilung der Stoffe:
organische Chemie – Stoffe der belebten Natur,
anorganische Chemie – Stoffe der unbelebten Natur.

1828 gelang es *Friedrich Wöhler* (1800–1882), aus Ammoniumcyanat, einem anorganischen Salz, einen organischen Stoff, den Harnstoff, herzustellen. Somit war die eindeutige Grenze zwischen organischer und anorganischer Chemie aufgehoben.
Heute versteht man unter der organischen Chemie die *Chemie der Kohlenstoffverbindungen*.

BEACHTE Einige Kohlenstoffverbindungen wie z. B. Kohlenstoffmonooxid, Kohlenstoffdioxid, Carbonate und Carbide werden aber weiterhin aus traditionellen Gründen der anorganischen Chemie zugeordnet.

Bestandteile organischer Verbindungen
Organische Verbindungen enthalten neben Kohlenstoff und Wasserstoff häufig noch andere Elemente, insbesondere *Sauerstoff*, *Stickstoff*, *Phosphor* und *Schwefel*.
Alle diese Elemente lassen sich anhand ihrer Elementsymbole zu dem Fantasiewort SCHNOP zusammensetzen, das das Merken

erleichtert. Weitere Elemente stammen meist aus der Gruppe der *Halogene* (↗ S. 26).

Sonderstellung des Kohlenstoffatoms

Um zur Herstellung einer chemischen Bindung die Edelgaskonfiguration zu erhalten (↗ S. 30), muss die Valenzschale eines Atoms entweder Elektronen aufnehmen bzw. abgeben oder ihre Valenzelektronen zur Ausbildung von Elektronenpaarbindungen (↗ S. 33) zur Verfügung stellen. Im ersten Fall entstehen *Ionen* (↗ S. 30), im zweiten Fall *Moleküle* (↗ S. 33).

Um Ionen zu bilden, müsste das Kohlenstoffatom als Element der IV. Hauptgruppe also entweder vier Elektronen aufnehmen oder vier Elektronen abgeben. Es ist jedoch bestrebt, vier Elektronenpaarbindungen einzugehen, also Moleküle zu bilden, wobei Verbindungen entstehen können, in denen eine sehr große Anzahl von Kohlenstoffatomen miteinander verknüpft sind.

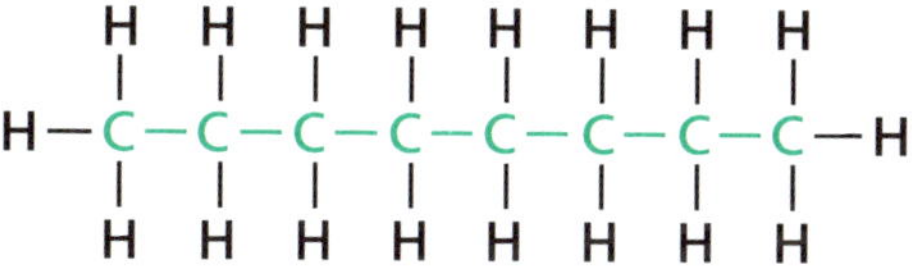

Diese Eigenschaft tritt bei keinem Element so deutlich auf wie beim Kohlenstoff.

Aus diesem Grund sind heute ungefähr sechs Millionen organische Kohlenstoffverbindungen bekannt, während man in der anorganischen Chemie lediglich etwa 100 000 Verbindungen kennt. Eine große Vielfalt an Verbindungen kommt in Form sogenannter *Naturstoffe* vor. Weitere Stoffe können aus bestimmten Basischemikalien hergestellt werden, wobei die Grundlagen überwiegend Erdöl oder Kohle sind.
Erdöl und Kohle sind Stoffgemische, die im Lauf von mehreren Millionen Jahren aus abgestorbenen pflanzlichen und tierischen Organismen entstanden sind.

6.2 Kohlenwasserstoffe

Organische Verbindungen, die nur aus den Elementen Kohlenstoff und Wasserstoff aufgebaut sind, nennt man ***Kohlenwasserstoffe***.

Alkane

Kohlenwasserstoffe, deren Moleküle nur C – C-Einfachbindungen enthalten, bezeichnet man als *Alkane*.

MERKE Alkane bezeichnet man im Unterschied zu *Alkenen* und *Alkinen* (↗ S. 104) als *gesättigte* Kohlenwasserstoffe.

Wie schon erklärt, kann das Kohlenstoffatom vier Elektronenpaarbindungen ausbilden. Das einfachste Alkan mit einem Kohlenstoffatom und vier Wasserstoffatomen ist das Methan. Es hat die Molekülformel CH_4. Um das zentrale Kohlenstoffatom verteilen sich die gebundenen Wasserstoffatome so, dass alle den gleichen Abstand zueinander haben. Als räumliche Figur ergibt sich daraus ein Molekül in Form eines Tetraeders (*Tetraeder*: Vierflächner).

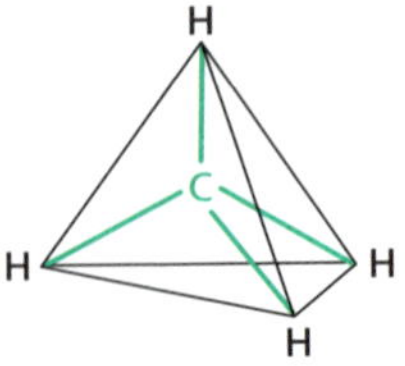

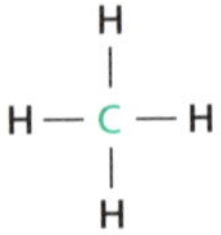

„Verlängert" man das Methanmolekül um weitere CH_2-Gruppen, so erhält man weitere Alkane.

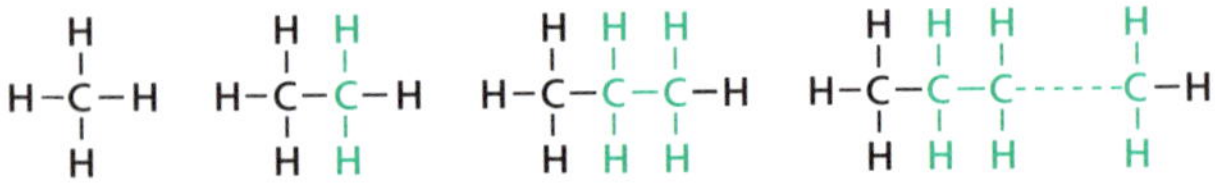

Entsprechend ergibt sich die folgende Reihe der Alkane, die auch als ***homologe Reihe*** der Alkane bezeichnet wird.

Name	Molekülformel	vereinfachte Strukturformel
Methan	CH_4	CH_4
Ethan	C_2H_6	CH_3-CH_3
Propan	C_3H_8	$CH_3-CH_2-CH_3$
Butan	C_4H_{10}	$CH_3-CH_2-CH_2-CH_3$
Pentan	C_5H_{12}	$CH_3-CH_2-CH_2-CH_2-CH_3$

Die Moleküle einer homologen Reihe unterscheiden sich also nur in der Zahl ihrer CH_2-Gruppen.

Die allgemeine Molekülformel für Alkane lautet C_nH_{2n+2}.

6

Isomerie und Nomenklatur

Bei der Aufbereitung von Erdöl können u. a. die folgenden zwei Verbindungen entstehen:

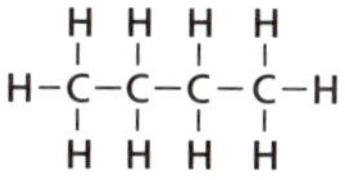

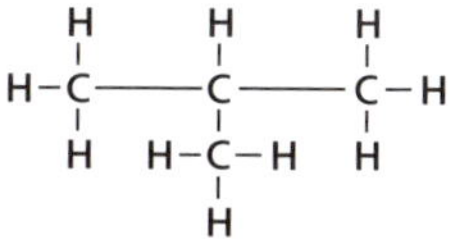

BEACHTE Beide Moleküle besitzen zwar die gleiche Molekülformel (C_4H_{10}), aber ihre Atome sind auf unterschiedliche Art miteinander verknüpft.

Besitzen verschiedene Verbindungen die gleiche Molekülformel, aber eine unterschiedliche Molekülstruktur, so bezeichnet man sie als *Isomere*.

Mit zunehmender Anzahl Kohlenstoffatome im Molekül ergeben sich immer mehr Kombinationsmöglichkeiten. So gibt es von der Molekülformel C_4H_{10} nur zwei Isomere. Für die Molekülformel C_6H_{14} ergeben sich schon fünf und bei $C_{10}H_{22}$ sind es bereits 75 isomere Moleküle.

Um diese Vielzahl von Verbindungen namentlich zu unterscheiden, gelten folgende Regeln zur Benennung, sogenannte Nomenklaturregeln, aufgestellt von der *Internationalen Union für Reine (Pure) und Angewandte Chemie* (IUPAC):

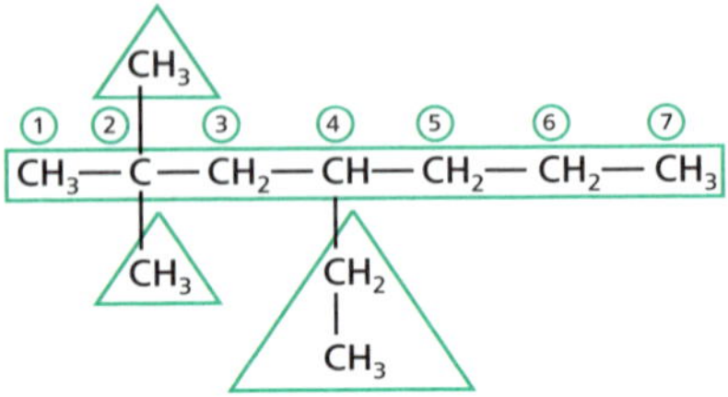

1. Längste Kohlenstoffkette ermitteln und benennen.
2. Verknüpfungsstellen zwischen Haupt- und Seitenketten ermitteln. Hauptkette so durchnummerieren, dass die Verknüpfungsstellen kleinstmögliche Zahlen erhalten.
3. Anzahl der gleichen Seitenketten ermitteln, dafür griechische Zahlwörter einsetzen.
4. Seitenketten benennen und alphabetisch ordnen.

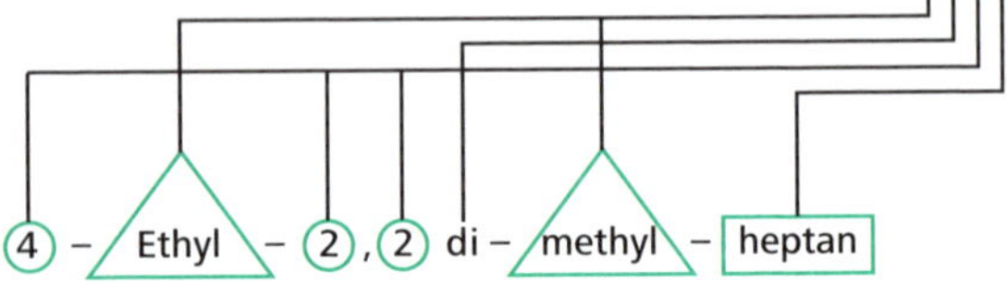

BEACHTE Bei der alphabetischen Anordnung werden die griechischen Vorsilben (Di-, Tri- usw.) nicht mit berücksichtigt.

Eigenschaften von Kohlenwasserstoffen

Aggregatzustand

MERKE Die kurzkettigen Alkane mit bis zu vier Kohlenstoffatomen im Molekül sind bei Raumtemperatur *gasförmig*, Alkane mit fünf bis 16 Kohlenstoffatomen *flüssig* und ab 17 Kohlenstoffatomen *fest*.

Da die Bindungen zwischen Kohlenstoff- und Wasserstoffatomen nur gering polarisiert sind (↗ S. 36), gehören die Alkane zu den *unpolaren* Verbindungen. Trotzdem gibt es *zwischen* den Molekülen schwache Anziehungskräfte.

Die schwachen Anziehungskräfte zwischen *Molekülen* beruhen auf *Van-der-Waals-Kräften* (↗ S. 45).

BEACHTE Diese darf man nicht verwechseln mit den viel stärkeren Anziehungskräften zwischen *Ionen*, den *Coulomb*-Kräften (↗ S. 45).

MERKE Je *größer* die Kohlenwasserstoffmoleküle, desto *größer* sind auch die *Van-der-Waals*-Kräfte zwischen den Molekülen. Je *größer* die Anziehungskräfte zwischen den Molekülen, desto *mehr* Energie wird benötigt, sie voneinander zu trennen, desto *höher* also der Siedepunkt.

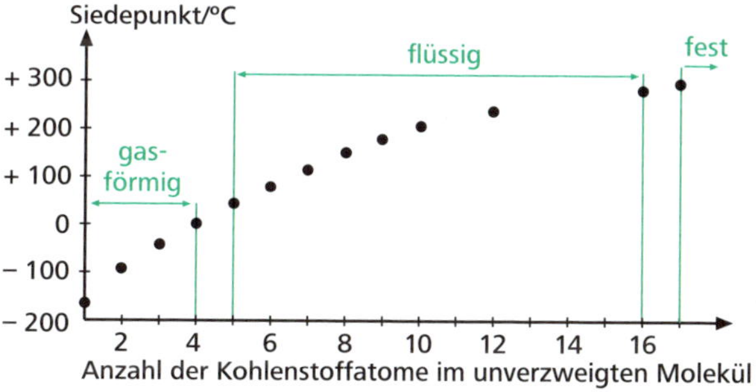

Löslichkeit

MERKE Alkane als *unpolare* Stoffe lösen sich in *unpolaren* Lösemitteln wie auch in Fetten. Man bezeichnet sie deshalb als ***lipophil*** (gr. *lipos*, Fett; gr. *philos*, liebend, zugeneigt). Gleichzeitig sind sie als ***hydrophobe*** Stoffe (gr. *hydor*, Wasser; gr. *phobos*, Scheu) in polaren Lösemitteln wie Wasser nicht löslich.

Chemische Eigenschaften

MERKE Da Alkane bei Raumtemperatur gegenüber vielen Stoffen reaktionsträge sind, bezeichnet man sie auch als ***Paraffine*** (lat. *parum*, wenig; lat. *affinis*, verwandt; in der Chemie: reaktionsbereit).

Trotz der Reaktionsträgheit sind Alkane brennbar, reagieren also mit Sauerstoff. Besonders leicht entzünden sich die kurzkettigen Kohlenwasserstoffe, wie z. B. *Methan*, der Hauptbestandteil von Erdgas.

$$CH_4 + 2\,O_2 \rightarrow CO_2 + 2\,H_2O$$

Da bei der Verbrennung von Alkanen sehr viel Wärme freigesetzt wird, verwendet man diese Stoffe überwiegend zur Energiegewinnung in Heizungsanlagen und Verbrennungsmotoren.

Alkene und Alkine

Neben den Alkanen gibt es auch ***Alkene***. Diese Kohlenwasserstoffe sind sehr reaktionsfähig. Man bezeichnet sie als ***ungesättigte Kohlenwasserstoffe***, weil sie in der Lage sind, bestimmte andere Stoffe „aufzuessen", d. h. in einer chemischen Reaktion zu addieren. Alkane können das nicht: Deshalb nennt man sie auch ***gesättigte Kohlenwasserstoffe***.

MERKE Charakteristisches Merkmal von Alkenen sind die *Doppelbindungen* zwischen zwei oder mehreren Kohlenstoffatomen.

Der einfachste Vertreter der Alkene ist das *Ethen* (Ethylen) mit der Molekülformel C_2H_4. An die beiden Kohlenstoffatome sind im Gegensatz zum Ethan nur vier Wasserstoffatome gebunden, sodass zwei Valenzelektronen eine zweite Bindung zwischen den Kohlenstoffatomen bilden.

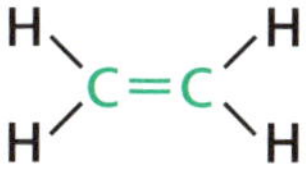

Auch Alkene bilden eine *homologe Reihe*:

Name	Molekülformel	vereinfachte Strukturformel
Ethen	C_2H_4	$CH_2=CH_2$
Propen	C_3H_6	$CH_3-CH=CH_2$
Buten	C_4H_8	$CH_3-CH_2-CH=CH_2$
Butadien	C_4H_6	$CH_2=CH-CH=CH_2$

Charakteristisch sind eine oder mehrere *Doppelbindungen* zwischen Kohlenstoffatomen. Die allgemeine Molekülformel für die Alkene mit einer Doppelbindung lautet C_nH_{2n}.

Eine weitere Gruppe ungesättigter Kohlenwasserstoffe sind die ***Alkine***.

MERKE Charakteristisches Merkmal von Alkinen sind *Dreifachbindungen* zwischen Kohlenstoffatomen.

Der einfachste Vertreter der Alkine ist das ***Ethin*** (Acetylen) mit der Molekülformel C_2H_2. An die beiden Kohlenstoffatome sind im Gegensatz zum Ethen nur noch zwei Wasserstoffatome gebunden, sodass weitere zwei Valenzelektronen eine Bindung zwischen den Kohlenstoffatomen bilden.

$$H-C\equiv C-H$$

Auch diese ungesättigten Kohlenwasserstoffe können eine *homologe Reihe* ausbilden, wobei Ethin der einfachste und zugleich wichtigste Vertreter ist.

Name	Molekülformel	vereinfachte Strukturformel
Ethin	C_2H_2	$CH \equiv CH$
Propin	C_3H_4	$CH_3 - C \equiv CH$

> Alkine haben die allgemeine Verhältnisformel C_nH_{2n-2}. Kennzeichen sind *Dreifachbindungen* zwischen Kohlenstoffatomen.

Alkene und Alkine sind im Gegensatz zu Alkanen sehr *reaktionsfähig*. Eine typische Reaktion ist die ***Additionsreaktion***, bei der sich Reaktionspartner wie z. B. Brom an die Mehrfachbindung anlagern und addiert werden.

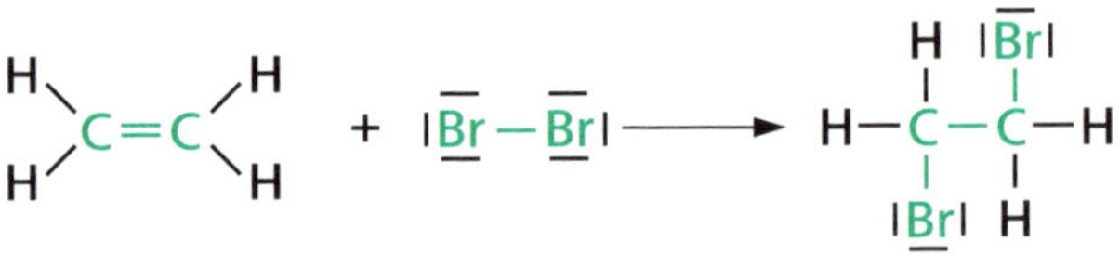

Wegen ihrer Reaktionsfreudigkeit finden vor allem Alkene in der chemischen Industrie bei der Herstellung chemischer Produkte vielfältige Anwendung. Die dafür wichtigsten Alkene sind *Ethen*, *Propen* und *Butadien*.

BEISPIEL

Name	Verwendung für
Ethen	Kunststoffe: Polyethen (Polyethylen) Lösemittel: Ethanol (Ethylalkohol), Glycerin
Propen	Kunststoffe: Polypropen (Polypropylen)
Butadien	synthetischer Kautschuk (Gummi)
Ethin	Schweißgas (Acetylen)

Zusammenfassung

MERKE Kohlenwasserstoffe bilden *unpolare* Moleküle.
Kohlenwasserstoffe sind in Wasser praktisch *nicht löslich*.
Kohlenwasserstoffe sind *brennbar*. Bei ihrer Verbrennung entstehen Kohlenstoffdioxid und Wasser.
Alkane sind darüber hinaus *reaktionsträge*, Alkene und Alkine hingegen *reaktionsfreudig*.

Benennungsregeln der Kohlenwasserstoffe

Die *Namen* der Kohlenwasserstoffe geben einen Hinweis auf Bindungen, die zwischen den Kohlenstoffatomen auftreten (↗ S. 102):

- Kohlenwasserstoffe mit Einfachbindungen, die Alk**ane**, enden auf die Silbe -**an**.
- Kohlenwasserstoffe mit Doppelbindungen, die Alk**ene**, enden auf die Silbe -**en**.
- Kohlenwasserstoffe mit Dreifachbindungen, die Alk**ine**, enden auf die Silbe -**in**.
- Die Namen der Molekülgruppen, denen im Vergleich zu vollständigen Molekülen ein Wasserstoffatom „fehlt", enden auf die Silbe -**yl**. Man bezeichnet sie als ***Alkylrest***.

BEISPIEL

CH_4	CH_3-	CH_3-CH_3	CH_3-CH_2-
Methan	Methyl-	Ethan	Ethyl-

Bei der Darstellung von Formeln werden Kohlenwasserstoffketten, wenn deren Betrachtung nicht von Interesse ist, durch die Abkürzung **R**— (Rest) ersetzt. Das ist vor allem bei langen Ketten sinnvoll.

BEISPIEL

$R-CH_3$ statt $CH_3-CH_2-CH_2-CH_3$

6.3 Halogenkohlenwasserstoffe

Ersetzt man in einem Kohlenwasserstoffmolekül Wasserstoffatome durch Atome der Elemente Fluor, Chlor, Brom oder Iod, so erhält man die ***Halogenkohlenwasserstoffe***.

Zwischen Halogenatom und Kohlenstoffatom befinden sich schwach *polare Elektronenpaarbindungen* (↗ S. 36).

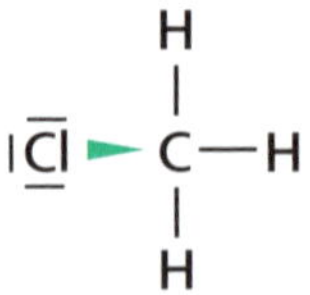

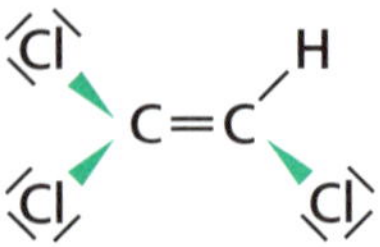

Halogenkohlenwasserstoffe entstehen z. B. als Produkte einer *Additionsreaktion* (↗ S. 106) oder einer ***Substitutionsreaktion***, bei der ein oder mehrere Wasserstoffatome eines Kohlenwasserstoffmoleküls durch Halogenatome ersetzt werden:

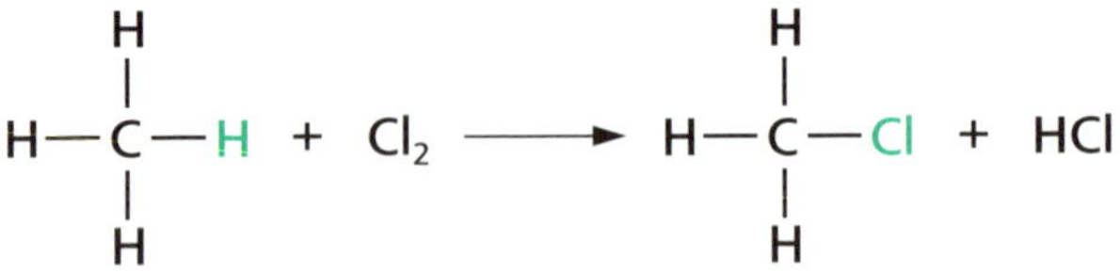

Eigenschaften von Halogenkohlenwasserstoffen

- Viele Halogenkohlenwasserstoffe haben einen starken, häufig betäubenden *Geruch* und sind *gesundheitsschädigend.*
- Halogenkohlenwasserstoffe sind in Wasser *nicht löslich*,
- lösen jedoch selbst sehr gut Fette. Sie sind also hydrophob und lipophil.
- Halogenkohlenwasserstoffe sind sehr *reaktionsträge* und im Gegensatz zu Kohlenwasserstoffen *schwer entflammbar* bzw. *nicht brennbar*.

- Halogenkohlenwasserstoffe haben eine hohe *Verdampfungswärme* und sind *schlechte Wärmeleiter*.

Verwendung von Halogenkohlenwasserstoffen

Aufgrund ihrer Eigenschaften finden Halogenkohlenwasserstoffe vielseitige Verwendung:

- Die gute *Lösefähigkeit* von Fetten führt zur Verwendung als *Reinigungsmittel* für Kleidung (chemische Reinigung) und zum Säubern von Werkstücken.
- Die schlechte *Brennbarkeit* führte früher zur Verwendung als *Löschmittel* bei Bränden (Halonlöscher, inzwischen verboten).
- Die große *Verdampfungswärme* ermöglicht die Verwendung als Kühlmittel in Kühlschränken.
- Die schlechte *Wärmeleitfähigkeit* ermöglicht die Verwendung als *Füllgas von Schaumstoffen*.
- Einige Halogenalkene, also ungesättigte Halogenkohlenwasserstoffe, sind Ausgangsstoffe für die Herstellung von *Kunststoffen*.

BEISPIEL

Name	Formel	Verwendung
Tetrachlormethan	CCl_4	früher Löschmittel
Trichlorfluormethan (Beispiel für FCKW)	CCl_3F	Kühlmittel *, Füllung von Schaumstoffen *
Chlorethen (Vinylchlorid)	$CH_2{=}CHCl$	Synthese von Kunststoffen (PVC)
Trichlorethen (Tri)	$CHCl{=}CCl_2$	Reinigungsmittel (Werkstoff)
Tetrachlorethen (Per)	$CCl_2{=}CCl_2$	Reinigungsmittel (chem. Reinigung)
Tetrafluorethen	$CF_2{=}CF_2$	Synthese von Kunststoffen (Teflon)

* inzwischen nicht mehr eingesetzt

BEACHTE Die meisten Halogenkohlenwasserstoffe können mitunter schwere gesundheitliche Schäden hervorrufen. Die ***Fluorchlorkohlenwasserstoffe*** (FCKW) sind jedoch nicht giftig und haben daher weltweite Verwendung gefunden. Sie stehen aber im Verdacht, die für die Erde lebenswichtige Ozonschicht der Atmosphäre zu zerstören.

6.4 Alkohole (Alkanole)

Unter „Alkohol" versteht man umgangssprachlich den Stoff, der als Genussmittel in Bier, Wein oder Schnaps enthalten ist. Die Bezeichnung „Alkohol" ist jedoch nicht eindeutig, denn es gibt noch eine ganze Reihe weiterer ***Alkohole***. Der genaue Name für den Trinkalkohol ist *Ethanol*.

Molekülstruktur von Alkoholen

Ethanol hat die Molekülformel C_2H_6O. Anhand dieser Formel lassen sich zwei Strukturen aufstellen:

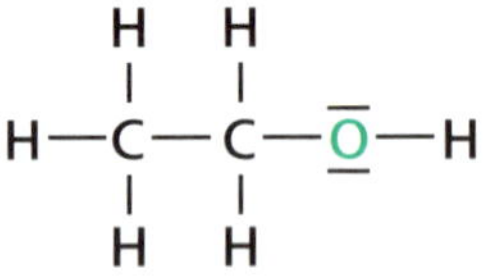

Alkohol

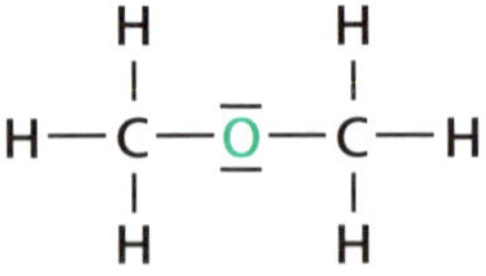

kein Alkohol

Ethanol reagiert mit Natrium ähnlich wie *Wasser* unter Bildung von Wasserstoff. Daraus kann man folgern, dass Ethanol- und Wassermoleküle eine ähnliche Struktur aufweisen:

Wasser

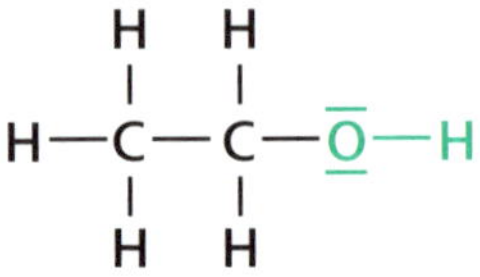

Ethanol

Die Formeln von Ethanol und Ethan unterscheiden sich *nur* dadurch, dass im Molekül anstelle eines Wasserstoffatoms eine ***Hydroxylgruppe*** (OH-Gruppe) vorhanden ist. Ethanol hat dadurch jedoch ganz andere Eigenschaften als Ethan.

MERKE Ein Atom oder eine Atomgruppe in einem Molekül, die die Eigenschaften des betreffenden Stoffs bestimmen, bezeichnet man als ***funktionelle Gruppe***.

Die funktionelle Gruppe der Alkohole ist die *Hydroxylgruppe* (–OH).

BEACHTE Alkohole sind *keine* Hydroxide (↗ S. 85). Die Hydroxylgruppe ist hier also kein Ion, sondern über eine Elektronenpaarbindung an das Kohlenstoffatom gebunden.

Einteilung von Alkoholen

Wie für die Kohlenwasserstoffe gibt es auch für die Alkohole eine *homologe Reihe*.

MERKE Die Namen der Alkohole enden auf die Silbe **-ol**. Sie weist auf die Hydroxylgruppe im Molekül hin. Der Stammname leitet sich von dem Namen des Alkans ab, dessen Molekül die gleiche Anzahl Kohlenstoffatome besitzt.

Name	Molekülformel	vereinfachte Strukturformel
Methanol	CH_3OH	CH_3-OH
Ethanol	C_2H_5OH	CH_3-CH_2-OH
Propanol	C_3H_7OH	$CH_3-CH_2-CH_2-OH$
Butanol	C_4H_9OH	$CH_3-CH_2-CH_2-CH_2-OH$

Die allgemeine Molekülformel für Alkanole lautet $C_nH_{2n+1}OH$.

Es gibt auch Alkohole, deren Moleküle *mehr* als eine Hydroxylgruppe enthalten. Man unterteilt sie je nach der Anzahl der Hydroxylgruppe in zweiwertige, dreiwertige, …, mehrwertige Alkohole. Alle mehrwertigen Alkohole schmecken süß.

BEISPIEL
Ethylenglykol (Ethandiol) ist ein zweiwertiger Alkohol. Er findet Verwendung als *Frostschutzmittel.*

Glycerin (Propantriol) ist ein dreiwertiger Alkohol. Er ist Bestandteil vieler *Kosmetika.*

Sorbit (Hexanhexaol) ist ein sechswertiger Alkohol. Er dient als *Zuckerersatzstoff* für Diabetiker.

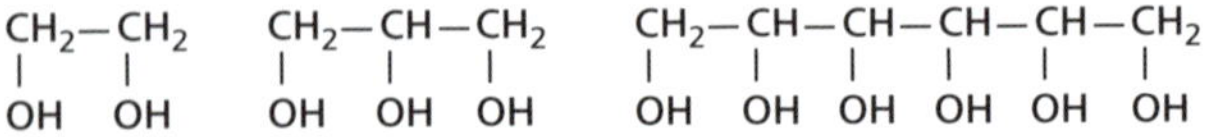

Eigenschaften von Alkoholen

Das Vorhandensein bzw. die Anzahl der Hydroxylgruppen in einem Alkoholmolekül hat direkten Einfluss auf die Eigenschaften der Alkohole.

Alkoholmoleküle bestehen
- aus *hydrophoben* Kohlenwasserstoffketten und
- aus *hydrophilen* („wasserliebenden“) Hydroxylgruppen.
- Die Kohlenwasserstoffkette ist wie bei Alkanen (↗ S. 100) *unpolar*, die Hydroxylgruppe wie im Wassermolekül (↗ S. 77) stark *polar*.

Löslichkeit

Beide Gruppen haben einen Einfluss auf die *Löslichkeit* von Alkoholen in unpolaren Lösemitteln wie z. B. Alkanen oder polaren Lösemitteln wie z. B. Wasser. Dadurch wird verständlich, warum sich manche Alkohole sowohl in Wasser als auch in Fett lösen können.

BEISPIEL Aufgrund seiner Löslichkeit in Benzin und Wasser ist *Ethanol* sowohl hydrophob als auch hydrophil.

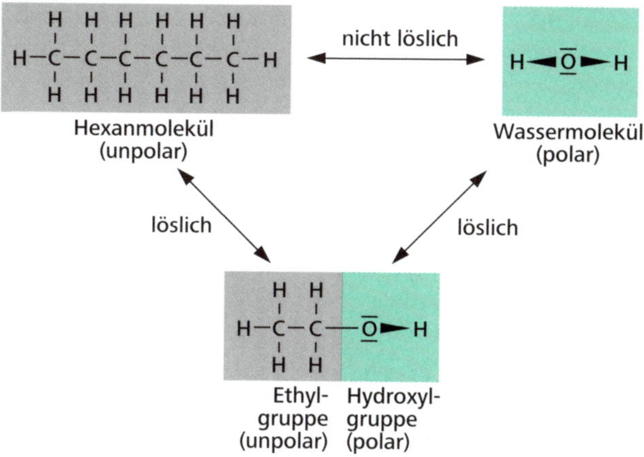

Die Wasserlöslichkeit lässt sich mit der Ausbildung von *Wasserstoffbrückenbindungen* (↗ S. 78) zwischen Hydroxylgruppen der Alkoholmoleküle und Wassermolekülen erklären.

Die Löslichkeit von Alkoholen in Alkanen beruht auf der Ausbildung von *Van-der-Waals-Kräften* (↗ S. 45) zwischen den unpolaren Molekülteilen beider Stoffe.

MERKE Je *größer* die Anzahl an Hydroxylgruppen im Alkoholmolekül, desto *besser* die Wasserlöslichkeit. Je *länger* die Kohlenwasserstoffkette im Alkoholmolekül, desto *besser* die Löslichkeit in Alkanen.

Siedepunkte

Die Ausbildung von Wasserstoffbrückenbindungen zwischen den Alkoholmolekülen erklärt auch die hohen Siedepunkte der Alkohole im Vergleich zu den entsprechenden Kohlenwasserstoffen.

BEISPIEL Ethan hat eine Siedetemperatur von −88,5 °C, Ethanol hingegen eine Siedetemperatur von +78 °C.

MERKE Je *mehr* Hydroxylgruppen in einem Alkoholmolekül gebunden sind, desto *mehr* Wasserstoffbrücken können gebildet werden, desto *höher* ist damit auch der Siedepunkt.

BEISPIEL Propanol hat einen Siedepunkt von 97,2 °C, Glycerin (Propantriol) hat einen Siedepunkt von 290 °C.

Chemische Eigenschaften

Die einfachen Alkohole, vor allem die kurzkettigen, sind leicht *brennbar*. Ethanol wird daher in vergällter Form (Spiritus) als Brennstoff verwendet.

$$CH_3-CH_2-OH + 3\,O_2 \rightarrow 2\,CO_2 + 3\,H_2O$$

Mehrwertige Alkohole, z. B. Glycerin, sind *nicht* brennbar.

6.5 Aldehyde und Ketone

Alkohole spalten in Gegenwart von feinverteiltem Palladium Wasserstoff ab. Je nach Stellung der Hydroxylgruppe im Alkoholmolekül entstehen dabei entweder ***Aldehyde*** oder ***Ketone***.

BEISPIEL Durch *Dehydrierung* (Abspaltung von Wasserstoff) von 1-Propanol entsteht der Aldehyd Propanal, durch Dehydrierung von 2-Propanol entsteht das Keton Propanon.

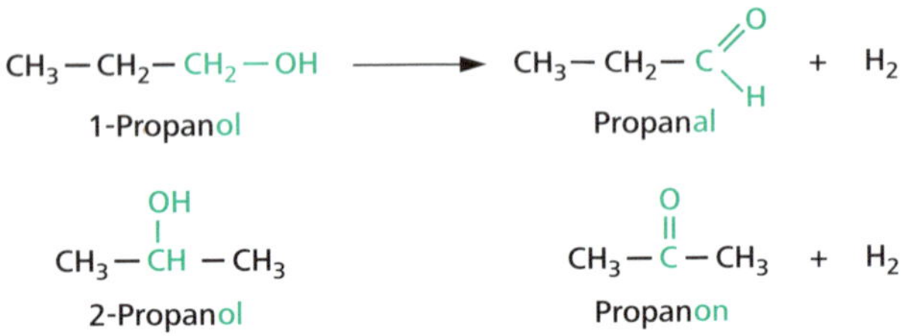

Zum selben Ergebnis gelangt man, wenn Alkoholdämpfe über erhitztes *Kupferoxid* geleitet werden. Dabei wird das Kupferoxid zu Kupfer *reduziert*. Da eine Reduktion immer mit einer gleichzeitigen Oxidation verknüpft ist (↗ S. 74), folgt:

MERKE Aldehyde und Ketone entstehen durch *Oxidation* von Alkoholen.

Die Bezeichnung *Aldehyd* setzt sich zusammen aus „**al**cohol **dehyd**rogenatus", was so viel bedeutet wie: Alkohol, dem Wasserstoff entzogen wurde.

Die Bezeichnung *Keton* stammt von ***Aceton***. Dieser Stoff hat den systematischen Namen *Propanon* und ist das erste Glied in der Reihe der Ketone (Alkanone).
Aceton ist mit Wasser beliebig mischbar, löst jedoch auch Fette und Öle. Es dient daher als *Universallösemittel*.

MERKE Die systematische Bezeichnung für Aldehyde lautet „Alkanale". Deshalb enden die Namen der Aldehyde auf **-al**.

Das Kennzeichen von Aldehyden ist die charakteristische Aldehydgruppe:

Die *funktionelle Gruppe* von Aldehyden ist **–CHO**, die Aldehydgruppe.

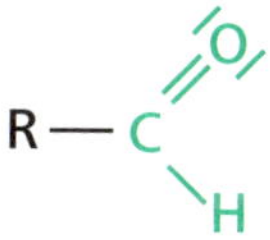

BEACHTE Um eine Verwechslung mit der funktionellen Gruppe von Alkoholen, der OH-Gruppe, zu vermeiden, schreibt man immer CHO und *niemals* COH.

Die Aldehydgruppe hat eine *stark polare* Bindung zwischen dem Sauerstoff- und Kohlenstoffatom. Aldehyde sind also *polare* Stoffe. Ihre Moleküle können jedoch *keine* Wasserstoffbrücken ausbilden, da sie keine *Hydroxylgruppen* haben.

- Die kurzkettigen Aldehyde sind *wasserlöslich.*
- Aldehyde haben niedrigere Siedepunkte als Alkohole.
- Aldehyde sind sehr *reaktionsfähig.*

BEISPIEL

Formaldehyd (Methanal, H – CHO) ist bei Normalbedingungen *gasförmig*, hat einen stechenden Geruch und ist in Wasser gut löslich. Die wässrige Lösung (Formalin) dient als Konservierungs- und Desinfektionsmittel sowie als Ausgangsstoff für die Herstellung von Klebstoffen und Kunstharzen. Formaldehyd kann Allergien hervorrufen und steht im Verdacht, krebserregend oder -fördernd zu sein.

Acetaldehyd (Ethanal, CH_3 – CHO) siedet bereits bei 20 °C, hat einen stechend betäubenden Geruch und wird bei der Essigsäureherstellung und in der Farbstoff- und Arzneimittelindustrie verwendet.

Aldehyde haben reduzierende Eigenschaften (↗ S. 74). Darauf beruht der Nachweis von Aldehyden (↗ S. 153).

6.6 Carbonsäuren

Die in Früchten, z. B. in Äpfeln und Zitronen, vorkommenden Säuren sind Kohlenstoffverbindungen. Man bezeichnet sie daher als ***organische Säuren*** oder ***Carbonsäuren***.

BEACHTE Kohlensäure wird den *anorganischen* Säuren zugeordnet, obwohl sie ebenfalls eine Kohlenstoffverbindung ist.

Struktur von Carbonsäuren

Die Moleküle von Carbonsäuren bestehen aus einer Kohlenwasserstoffkette und einer für Carbonsäuren typischen ***Carboxylgruppe***:

Die *funktionelle Gruppe* von Carbonsäuren ist **–COOH**, die Carboxylgruppe.

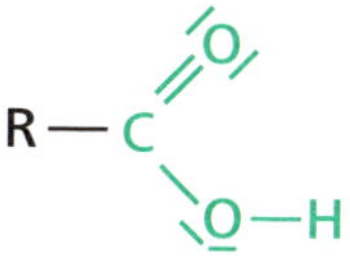

BEACHTE Bei der Carboxylgruppe werden die beiden Sauerstoffatome immer auseinandergeschrieben, also –COOH und **nicht** $-CO_2H$.

Carbonsäuren sind organische Säuren, die mindestens eine Carboxylgruppe im Molekül enthalten.

Die Carboxylgruppe bestimmt die hohen Siedepunkte, das Löseverhalten gegenüber Wasser und die sauren Eigenschaften von Carbonsäuren.

Carbonsäuren sind die Oxidationsprodukte von Aldehyden:

$$R-CH=O + \tfrac{1}{2}\,O_2 \longrightarrow R-COOH$$

Sie stellen daher das nächste Glied in der von den Alkoholen ausgehenden Oxidationsreihe dar (↗ S. 115):

$$R-CH_2-OH \xrightarrow{\text{Oxidation}} R-CH=O \xrightarrow{\text{Oxidation}} R-COOH$$

Einteilung der Carbonsäuren

Wie bei den Alkoholen gibt es auch für die Carbonsäuren eine entsprechende *homologe Reihe.*

MERKE Nach den IUPAC-Regeln bestehen die Namen der Carbonsäuren aus dem Namen des entsprechenden Kohlenwasserstoffs und der Endsilbe -**säure**. Dabei wird das Kohlenstoffatom der Carboxylgruppe mitgezählt.

Diese offiziellen Namen sind jedoch wenig gebräuchlich. Die meisten Säuren benennt man stattdessen immer noch nach ihrem Vorkommen.

BEISPIEL Die Carbonsäure mit *einem* Kohlenstoffatom im Molekül heißt systematisch Methansäure. Üblich ist dafür jedoch die Bezeichnung Ameisensäure, da sie von Ameisen produziert wird. Die Carbonsäure mit zwei Kohlenstoffatomen heißt Essigsäure (Ethansäure).

Die langkettigen Carbonsäuren werden als ***Fettsäuren*** bezeichnet, da sie in Form von *Carbonsäureestern* (↗ S. 120) in *Fetten* (↗ S. 124) gebunden sind.

Name	Formel	Vorkommen
Ameisensäure (Methansäure)	H–COOH	Ameise, Brennnessel
Essigsäure (Ethansäure)	CH_3–COOH	im Essig
Buttersäure (Butansäure)	C_3H_7–COOH	in ranziger Butter
Valeriansäure (Pentansäure)	C_4H_9–COOH	als Carbonsäureester (↗ S. 120) im Baldrian
Palmitinsäure (Hexadecansäure)	$C_{15}H_{31}$–COOH	als Ester im Palmfett
Stearinsäure (Octadecansäure)	$C_{17}H_{35}$–COOH	als Ester im Rinderfett (gr. *stear*, Talg)
Ölsäure (Octadecensäure)	$C_{17}H_{33}$–COOH	als Ester in Pflanzenölen

Eigenschaften von Carbonsäuren

Die kurzkettigen Carbonsäuren (C_1 bis C_3) haben einen scharfen Geruch, die darauf folgenden (C_4 bis C_9) riechen unangenehm nach Schweiß, die längerkettigen sind geruchlos.

Aggregatzustand

Die starke Polarität der Carboxylgruppe führt zu starken Kraftwirkungen zwischen den Molekülen. Darüber hinaus ist die Carboxylgruppe in der Lage, über ihre Hydroxylgruppe *Wasserstoffbrücken* (↗ S. 78) zu bilden. Carbonsäuren haben daher höhere Siedepunkte als die Aldehyde gleicher Kettenlänge.

Die kurzkettigen Carbonsäuren weisen im Vergleich zu den entsprechenden Alkoholen auffällig *hohe* Schmelzpunkte auf.

BEISPIEL Ethanol hat eine Schmelztemperatur von – 114 °C. Essigsäure erstarrt beim Abkühlen schon bei + 17 °C zu einer eisartigen Masse und wird deshalb auch *Eisessig* genannt.

Der Grund dafür ist, dass bei der Essigsäure jeweils zwei Moleküle über Wasserstoffbrücken zu Doppelmolekülen verbunden sind:

6

Löslichkeit

Die Ausbildung von Wasserstoffbrücken zwischen Säure- und Wassermolekülen erklärt auch die gute Wasserlöslichkeit der kurzkettigen Carbonsäuren. Die langkettigen Carbonsäuren sind jedoch in Wasser nicht löslich.

MERKE Je länger die Kohlenwasserstoffkette, desto *schlechter* wird wie bei Alkoholen die Löslichkeit in *Wasser*, desto besser die Löslichkeit in *unpolaren Lösemitteln*, z. B. in Benzin.

Säureeigenschaften

Wässrige Lösungen von Carbonsäuren leiten den elektrischen Strom, bilden also Ionen. Die Lösungen reagieren sauer. Ursache ist das Oxonium-Ion (↗ S. 87), das bei der Dissoziation (↗ S. 86) der wasserfreien Säuren mit Wasser entsteht:

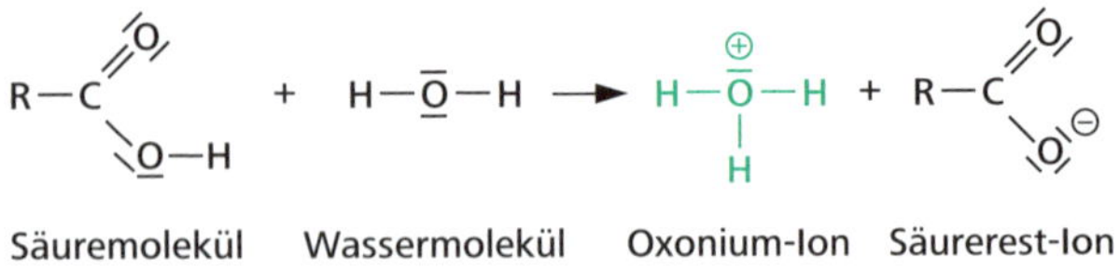

BEISPIEL Essigsäure reagiert mit Wasser zu Oxonium-Ionen und *Acetat-Ionen*.

MERKE Die IUPAC-Namen der Carbonsäurereste setzen sich aus dem Namen des Kohlenwasserstoffs und der Endsilbe **-at** zusammen, sind jedoch wenig gebräuchlich.

Wie von anorganischen Säuren lassen sich auch von Carbonsäuren Salze (↗ S. 92) ableiten.

BEISPIEL Die Salze der Ameisensäure heißen *Formiate* (lat. *formica*, Ameise), die Salze der Essigsäure heißen *Acetate* (lat. *acetum*, Essig).

Herstellung von Carbonsäuren

Die für Speisezwecke verwendete Essigsäure (Weinessig, Branntweinessig) wird auch heute noch überwiegend durch bakterielle (Essigsäurebakterien) Vergärung von Ethanol hergestellt.

Ansonsten werden die Carbonsäuren entweder aus Carbonsäureestern, z. B. Fetten (↗ S. 124) gewonnen, durch Extraktion aus *Naturprodukten*, die Carbonsäuren enthalten, oder synthetisch durch Oxidation von *Alkoholen* (↗ S. 116).

Carbonsäureester

Die Eigenschaften organischer Stoffe werden durch die *funktionellen Gruppen* ihrer Moleküle bestimmt. Diese sind auch die *reaktionsfähigen Stellen* der Moleküle.

BEISPIEL Das Reaktionsverhalten von Alkoholen und Carbonsäuren wird durch die *Hydroxylgruppe* bzw. die *Carboxylgruppe* bestimmt.

Alkohole und Carbonsäuren reagieren in Gegenwart von konzentrierter Schwefelsäure zu ***Carbonsäureestern***. Die Schwefelsäure dient hierbei als Katalysator (↗ S. 52).

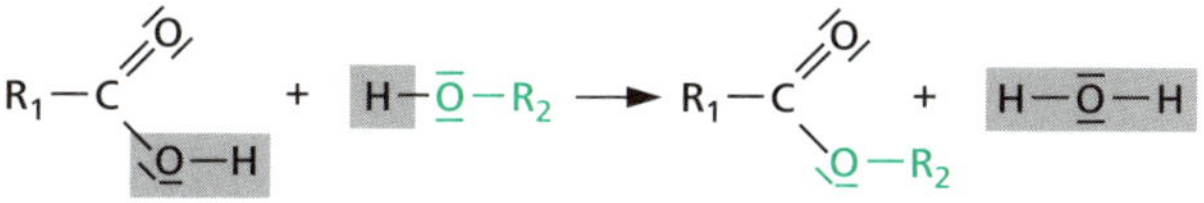

Carbonsäure Alkohol Carbonsäureester Wasser

> Carbonsäureester sind durch die *Estergruppe* **–CO–O–R** (R ≠ H) gekennzeichnet.

MERKE Die Bezeichnung eines Esters setzt sich aus den Namen der *Carbonsäure* und des *Alkylrestes* (↗ S. 107) vom Alkohol zusammen.

BEISPIEL Der Ester aus Essigsäure und Ethanol hat die Bezeichnung *Essigsäureethylester*, der Ester aus Buttersäure und Pentanol hat die Bezeichnung Buttersäurepentylester.

Eigenschaften

Estermoleküle besitzen *keine* Hydroxylgruppen und können somit untereinander keine *Wasserstoffbrücken* ausbilden. Die Folge sind *niedrigere Siedepunkte* als bei den Alkoholen und den Carbonsäuren. Die fehlende Hydroxylgruppe ist auch der Grund für die *schlechte Wasserlöslichkeit* der Ester.

Je nach Säure- und Alkoholanteil werden Carbonsäureester in drei Gruppen eingeteilt:

- *Fruchtester:* Ester aus kurzkettigen Säuren und Alkoholen.
- *Wachse:* Ester aus langkettigen Säuren und Alkoholen.
- *Fette:* Ester aus meist langkettigen Säuren und Glycerin.

Vorkommen und Verwendung

Einige *Fruchtester* kommen in Früchten vor und werden als Aromastoffe für Lebensmittel und Kosmetika auch synthetisch hergestellt.

BEISPIEL

Fruchtester	Aroma
Ameisensäure-ethyl-ester	Rum
Essigsäure-pentyl-ester	Banane
Buttersäure-methyl-ester	Ananas
Buttersäure-ethyl-ester	Pfirsich
Buttersäure-pentyl-ester	Birne
Valeriansäure-pentyl-ester	Apfel

Andere Fruchtester werden als Lösemittel für wasserunlösliche Stoffe verwendet.

BEISPIEL Essigsäureethylester dient als Lösemittel für Harze, Lacke und Klebstoffe sowie als Nagellackentferner.

Wachse bilden die Schutzschicht von Blättern und Früchten gegen das Austrocknen bei Wassermangel und hohen Temperaturen. Sie sind auch die Stoffe, mit denen die Bienen ihre Waben bauen.
Fette (↗ S. 124) sind Bestandteile von Ölpflanzen und tierischen Organismen.
Auch *anorganische Säuren* können mit Alkoholen zu Estern reagieren. Bekanntestes Beispiel ist das ***Nitroglycerin***, das mit richtigem Namen *Salpetersäureglycerinester* heißt.

Lerncheck

Kapitel „Organische Chemie"	O.K. ✓	Das muss ich noch mal lesen
Ich kann die Bedeutung des Kohlenstoffs für die organische Chemie anhand des Atombaus erklären.		S. 99
Ich kann die homologe Reihe der Kohlenwasserstoffe mit der allgemeinen Molekülformel der Alkane erläutern.		S. 100
Ich kann den Begriff Isomerie definieren.		S. 101
Ich kann vier Nomenklaturregeln zur Benennung von Kohlenwasserstoffen anwenden.		S. 102, 107
Ich kann die physikalischen Eigenschaften der Kohlenwasserstoffe anhand von *Van-der-Waals*-Kräften erklären.		S. 103
Ich kann die Entstehung von Halogenkohlenwasserstoffen an zwei Beispielen erläutern.		S. 108
Ich kann Verwendungsmöglichkeiten von Halogenkohlenwasserstoffen anhand ihrer Eigenschaften begründen.		S. 109
Ich kann die Namen und die Strukturformeln der funktionellen Gruppen von Alkoholen, Aldehyden, Ketonen und Carbonsäuren benennen.		S. 110–120
Ich kann die Bedeutung einer funktionellen Gruppe für eine Stoffgruppe erläutern.		S. 111
Ich kann die Löslichkeit von Alkoholen, Carbonsäuren und Estern mithilfe ihres Molekülbaus erklären.		S. 112, 113, 121
Ich kann die Reaktionen zur Entstehung von Aldehyden, Ketonen, Carbonsäuren und Estern beschreiben.		S. 114–121

7 Naturstoffe, Kunststoffe

7.1 Fette

Die *Fette* zählen mit den Kohlenhydraten (↗ S. 130), den Eiweißstoffen (↗ S. 133) und Vitaminen zu den ***Naturstoffen***. Sie kommen in vielen tierischen und pflanzlichen Lebensmitteln vor.

Aufbau von Fetten

Fette sind Carbonsäureester (↗ S. 120). Betrachtet man den Aufbau eines Fettes, so kann man feststellen, dass der alkoholische Bestandteil immer *Glycerin* ist, das mit Carbonsäuren verestert ist.

Die in den Fetten gebundenen Carbonsäuren bezeichnet man auch als *Fettsäuren*.

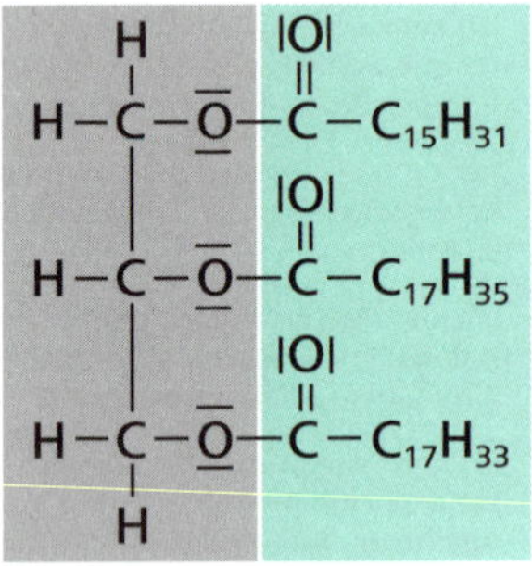

Glycerinanteil Fettsäureanteil

Neben ***gesättigten Fettsäuren*** enthalten Fette auch ***ungesättigte Fettsäuren***, deren Moleküle eine oder mehrere Doppelbindungen zwischen Kohlenstoffatomen besitzen.

BEISPIEL Die am häufigsten vertretene ungesättigte Fettsäure ist die Ölsäure mit einer Doppelbindung:

$CH_3-(CH_2)_7-CH=CH-(CH_2)_7-COOH.$

Ungesättigte Fettsäuren können vom menschlichen Körper nicht hergestellt werden, sind aber lebensnotwendig und werden deshalb als ***essenzielle*** (lat. *essentia*, das Wesen) ***Fettsäuren*** bezeichnet.

MERKE In den meisten Fällen liegen in einem Fettmolekül drei *verschiedene* Fettsäuren verestert vor.

BEISPIEL Das auf S. 124 dargestellte Fettmolekül ist ein Ester aus Palmitinsäure $C_{15}H_{31}COOH$, Stearinsäure $C_{17}H_{35}COOH$, Ölsäure $C_{17}H_{33}COOH$ und Glycerin.

> Fette sind Carbonsäureester (↗ S. 120) aus unterschiedlich langkettigen Carbonsäuren und Glycerin. Man bezeichnet sie daher als ***Glyceride***.

Physikalische Eigenschaften von Fetten

Natürliche Fette enthalten nicht nur in den einzelnen Molekülen *verschiedene Fettsäurereste*, sie liegen auch stets als Gemische *verschiedener Moleküle* vor. Fette sind also keine Reinstoffe, sondern Stoffgemische.

Aufgrund ihrer Zusammensetzung zeichnen sich Fette durch zwei typische Eigenschaften aus:

- Durch ihre Verschiedenartigkeit sind Fettmoleküle nicht in der Lage, ein „ordentliches" Festkörpergitter zu bilden. „Feste" Fette sind daher *schmierig* und mehr oder weniger streichfähig.
- Fette haben keinen exakten Schmelz*punkt*, sondern einen mehr oder weniger breiten Schmelz*bereich* (↗ S. 11).

Die Lage des Schmelzbereichs wird durch die Art der gebundenen Fettsäuren bestimmt:

> Je größer der Anteil an ungesättigten Fettsäuren, desto niedriger liegt der Schmelzbereich der Fette.

BEISPIEL

Fettart	Butter	Olivenöl	Leinöl
gesättigte Fettsäuren [%]	61	19	8
ungesättigte Fettsäuren [%]	39	81	92
Schmelzbereich [°C]	30 bis 36	−2 bis 0	−27 bis −16

Tierische Fette besitzen im Allgemeinen einen größeren Anteil gesättigter Fettsäuren und sind deshalb bei Normaltemperatur meist fest.

Pflanzliche Fette mit einem großen Anteil an ungesättigten Fettsäuren sind dagegen flüssig. Um sie von den *Mineralölen* (↗ Kohlenwasserstoffe, S. 100) zu unterscheiden, bezeichnet man sie als *fette Öle.*

MERKE Fette sind aufgrund der langkettigen Kohlenwasserstoffreste in Wasser nicht löslich.

Chemische Eigenschaften von Fetten

Fette sind brennbar. Manche verwendete man früher in Öllampen zu Beleuchtungszwecken.

BEISPIEL Schon im Altertum verbrannte man in den Öllampen Olivenöl.
Der Walfang wurde im Wesentlichen zur Gewinnung von Waltran betrieben, den man als Brennstoff für die Öllampen verwendete.

Die meisten Fette sind nur begrenzt haltbar. Bei längerem Stehenlassen findet unter Einwirkung von Luftsauerstoff, Wasser, Bakterien, Wärme und Licht eine Zersetzung statt: Die Fette werden ranzig oder verharzen. Dabei finden zwei verschiedene Reaktionen statt:

- Das Fett wird in einer ***Esterspaltung*** in seine Bestandteile Glycerin und Fettsäuren zerlegt.

- Die Kohlenwasserstoffketten der ungesättigten Fettsäuren werden an den Doppelbindungen aufgespalten.

In beiden Fällen entstehen *freie Fettsäuren*, die dem Fett einen unangenehmen Geruch und Geschmack verleihen.

MERKE Besonders die Pflanzenöle mit einem hohen Anteil ungesättigter Fettsäuren sind sehr luft- und lichtempfindlich.

Erhitzt man Fette auf höhere Temperaturen, so tritt – vor allem nach häufiger Wiederholung, z. B. beim Frittieren – ein zunehmend stechender Geruch auf. Bei diesen Temperaturen findet zusätzlich zur Esterspaltung eine Zersetzung von Glycerin statt. Durch Abspaltung von Wasser entsteht daraus Acrolein (Propenal), ein *Aldehyd*.

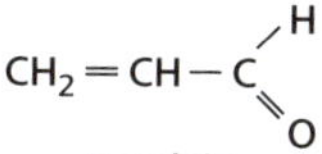

Acrolein

Die Bildung von Acrolein dient als Fettnachweis (↗ S. 153).

Verwendung von Fetten

Fette finden unterschiedliche Verwendung. Fette sind lebensnotwendige *Nahrungsmittel*. Sie dienen dabei als Energiespeicher, als Lösemittel für Vitamine und wegen ihrer wasserabweisenden Eigenschaften als Hautschutz.

BEISPIEL Fettgehalt einiger Lebensmittel (in %)

– Butter	83	– Kartoffelchips	40
– Schweinefleisch	10–42	– Pommes frites	12
– Haselnüsse	61	– Schlagsahne	32
– Majonäse	80	– Mettwurst	51
– Schokolade	30	– Emmentaler	30

„Trocknende“ Öle, z. B. Leinöl, sind Bestandteile von *Ölfarben*. Hierbei nutzt man die gute Lösefähigkeit von Fetten für unpolare Stoffe sowie das Verharzen durch die Reaktion mit Luftsauerstoff.

Aus Fetten, die nicht als Nahrungsmittel dienen, sowie aus Altfetten stellt man *freie Fettsäuren* und *Seifen* her.

7.2 Seifen und Waschmittel

Da Fettmoleküle langkettige Kohlenwasserstoffreste aufweisen, lassen sich Fett und Wasser nicht ineinander lösen. Fette sind hydrophob und unpolar, Wasser dagegen ist polar.
Verschmutzte Oberflächen – z. B. die Haut oder Textilien – sind stets fetthaltig und damit wasserabweisend. Man kann sie daher mit Wasser allein nicht ausreichend säubern. Man braucht dazu noch *Seife* oder einen anderen waschaktiven Stoff.

Herstellung von Seifen

Kocht man Fette mit Laugen, so findet eine Esterspaltung statt und es entstehen ***Seifen***. Diesen Vorgang bezeichnet man daher auch als ***Verseifung***.

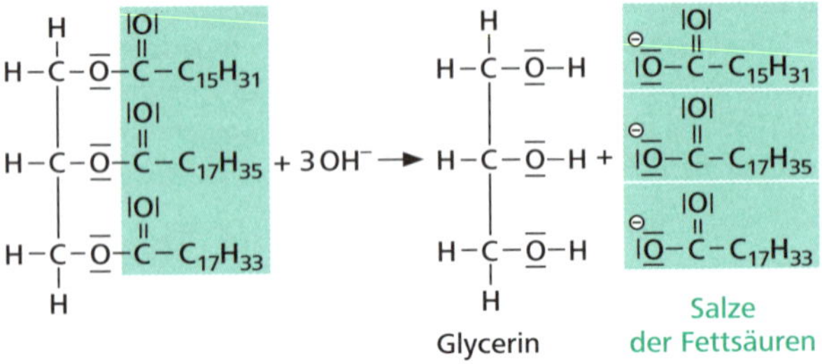

Führt man die Verseifung mit Natronlauge durch, entsteht neben Glycerin Kernseife. Bei der Verseifung mit Kalilauge erhält man Schmierseife.

MERKE Seifen sind Salze von Fettsäuren.

Wirkungsweise von Seifen

Seifen sind in Wasser löslich. In wässriger Lösung liegen Anionen und Kationen (↗ S. 96) von Seifen getrennt voneinander vor, sodass eine Seifenlösung den elektrischen Strom leiten kann. Die Seifenanionen bestehen aus einer Carboxylatgruppe, die hydrophil und polar ist. Der andere Molekülteil, der Alkylrest (↗ S. 107), ist hingegen unpolar und hydrophob.

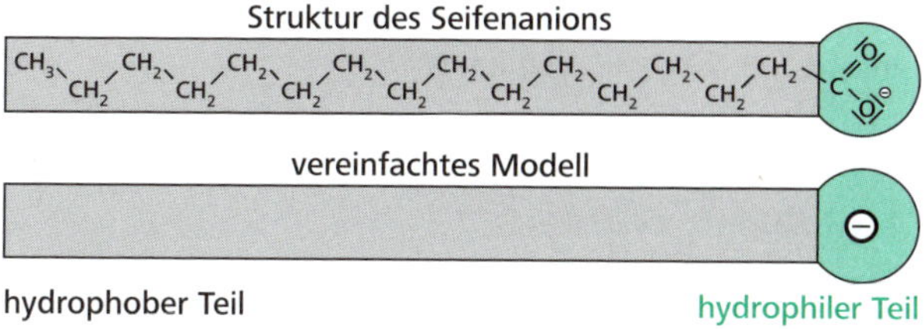

Außer Seifen gibt es noch andere ähnlich gebaute Stoffe, deren Moleküle ebenfalls hydrophobe und hydrophile Enden haben. Sie werden häufig aus Erdölprodukten hergestellt.

> **Stoffe, deren Moleküle aus einem hydrophilen und einem hydrophoben Teil bestehen, bezeichnet man als *Tenside*.**

Entsprechend ihrem Aufbau lösen sich solche Moleküle sowohl in Wasser als auch in fettartigen Stoffen.

Lässt man die Lösung eines Tensids in Wasser auf eine fetthaltige Oberfläche einwirken, so lösen sich die hydrophoben Enden im Fett, während die hydrophilen Enden aus dem Fett herausragen.

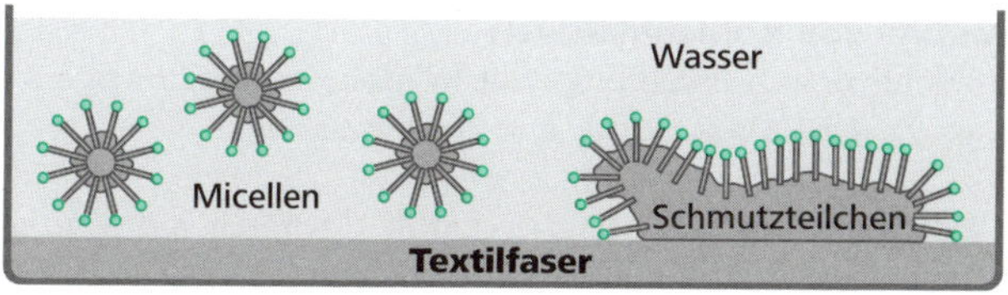

Auf diese Weise wird die ursprünglich hydrophobe Oberfläche der verschmutzten Textilfaser oder Haut hydrophil und durch Wasser benetzbar: Wassermoleküle dringen in die Schmutzschicht ein und machen sie „löchrig".

Mehrere Seifenmoleküle können mit ihrem hydrophoben Molekülteil einige Schmutzteilchen einschließen. Dabei bilden sich sogenannte ***Micellen***. Auf diese Weise löst sich schließlich der ganze fetthaltige Schmutz von der Textilfaser und es entsteht eine Emulsion (↗ S. 10) von Fett und Wasser.

7.3 Kohlenhydrate

Die Bezeichnung „Kohlenhydrat", bestehend aus den Silben „Kohle" und „Hydrat" (gr. *hydor*, Wasser), lässt sich auf zweifache Weise erklären:

- Man kann die Molekülformeln dieser Stoffgruppe auf folgende Weise schreiben:

  $C_x(H_2O)_y \quad x, y = 1, 2, 3, \ldots$

- Beim Erhitzen von Kohlenhydraten entsteht zunächst eine braune Masse, die bei weiterer Energiezufuhr unter Bildung von *Wasser*dampf zu *Kohle* wird.

> Kohlenhydrate werden von Organismen gebildet und von ihnen als energieliefernde Baustoffe benötigt. Zu den Kohlenhydraten gehören verschiedene ***Zucker***, ***Stärke*** und ***Cellulose***.

Aufbau von Kohlenhydraten

Kohlenhydrate werden eingeteilt in Monosaccharide (gr. *sakchar*, Zucker), Disaccharide und Polysaccharide.

MERKE Zu den Monosacchariden gehören die *Glucose* (Traubenzucker) und die *Fructose* (Fruchtzucker), zu den Disacchariden die *Saccharose* (Rohr- oder Rübenzucker), zu den Polysacchariden die Stärke und die Cellulose.

Monosaccharide haben die Molekülformel $C_6H_{12}O_6$ und liegen in zwei möglichen Strukturen vor:

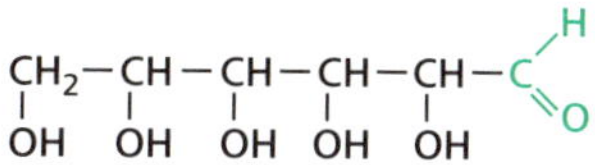

Aldose

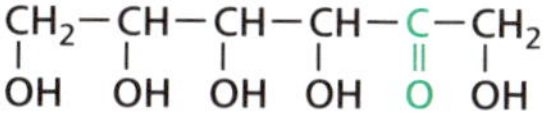

Ketose

MERKE Glucose ist eine Aldose, Fructose ist eine Ketose.

Beide Formen sind mehrwertige Alkohole (↗ S. 111), unterscheiden sich jedoch durch ihre Aldehyd- bzw. Ketogruppe (↗ S. 114).

In *wässriger Lösung* liegen die Monosaccharide als ringförmige Moleküle vor, die man vereinfacht auf folgende Weise darstellen kann:

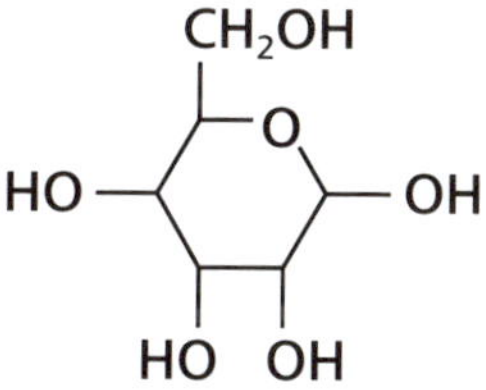

ringförmige Aldose

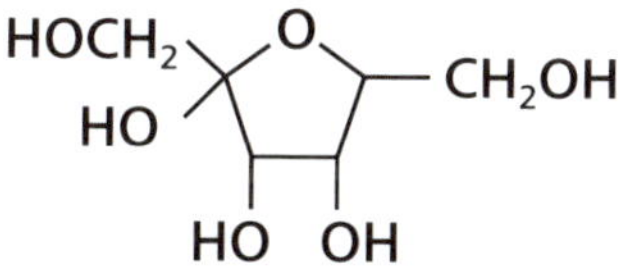

ringförmige Ketose

BEACHTE In dieser Darstellung befinden sich die Kohlenstoffatome in den Ecken des Sechs- bzw. Fünfecks, die an sie gebundenen Wasserstoffatome sind weggelassen.

Disaccharide haben die Molekülformel $C_{12}H_{22}O_{11}$. In ihren Molekülen sind jeweils *zwei* Moleküle von Monosacchariden miteinander verknüpft.

Durch die Verknüpfung verschiedener Monosaccharidmoleküle ergibt sich eine Vielzahl möglicher Disaccharide.

BEISPIEL Saccharose ist eine Kombination aus Glucose und Fructose:

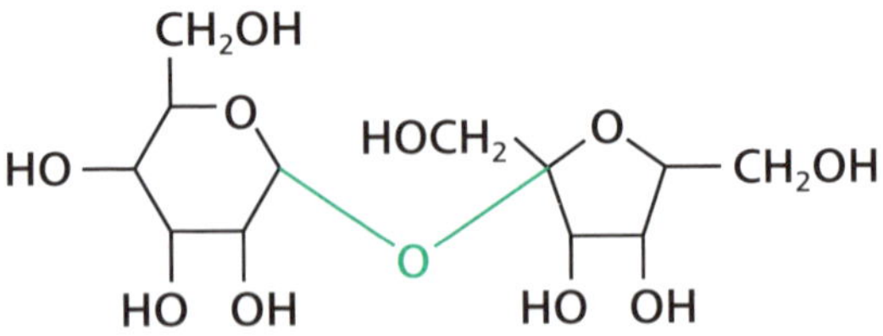

In ***Polysacchariden*** sind viele Glucoseeinheiten miteinander verknüpft. Je nach der Anzahl der Glucoseeinheiten und nach Art der Verknüpfung ergeben sich zwei verschiedene Strukturen:

In der *Stärke* sind etwa 1000 Glucoseeinheiten miteinander verknüpft (Nachweis ↗ S. 153).

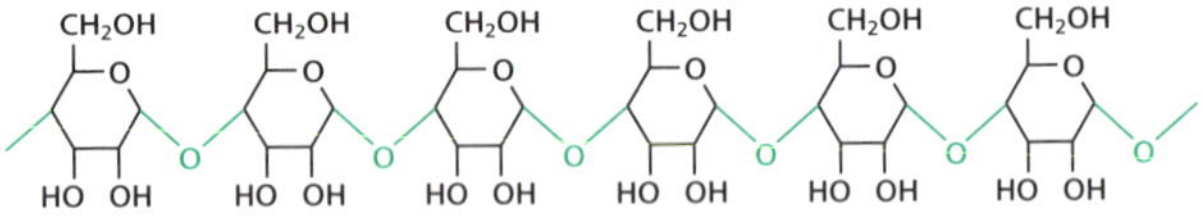

In der *Cellulose* sind 5000–10 000 Glucoseeinheiten miteinander verknüpft:

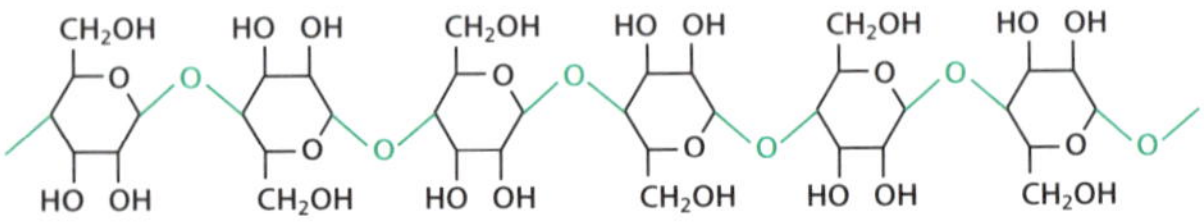

Eigenschaften von Kohlenhydraten

Zucker (Mono- und Disaccharide) sind in Wasser *leicht löslich*, da sie in ihren Molekülen zahlreiche hydrophile Hydroxylgruppen haben. Die Lösungen *schmecken* je nach Zuckersorte mehr oder weniger *süß*.

Zucker, vor allem die Saccharose („Haushaltszucker“), sind daher in vielen Nahrungsmitteln in mehr oder weniger großen Mengen als Süßungsmittel enthalten.

Stärke bildet mit Wasser keine Lösung, sondern durch Quellung mehr oder weniger zähflüssige „Breie“. Sie stellt einen wichtigen Nährstoff dar und dient dem Organismus in Form der Glucosebausteine als Energielieferant.

Cellulose bildet lange, wasserunlösliche Fasern und ist daher Grundstoff zur Herstellung von *Textilien*.

7.4 Eiweißstoffe

Wie die Kohlenhydrate sind die ***Eiweißstoffe*** oder ***Proteine*** (gr. *protos*, der Erste, das Ursprüngliche), ein wichtiger Bestandteil unserer Nahrung.

Eiweißstoffe sind meist tierischen Ursprungs und bilden einen der Hauptbestandteile von Eiern, Fleisch und Milchprodukten. Auch Blut und Haare bestehen aus Eiweißstoffen.

Aufbau von Eiweißstoffen

Ähnlich wie Polysaccharide bestehen Eiweißstoffe aus einer großen Anzahl an Grundbausteinen: den ***Aminosäuren***.

MERKE Aminosäuren sind Carbonsäuren, die außer Kohlenstoff, Wasserstoff und Sauerstoff die Elemente *Stickstoff* und teilweise auch *Schwefel* enthalten.

> Moleküle von Aminosäuren haben zwei verschiedene funktionelle Gruppen: die *Carboxylgruppe* –COOH und die ***Aminogruppe*** $-NH_2$.

BEISPIEL In Eiweißstoffen sehr häufig enthaltene Aminosäuren sind Alanin und Cystein. Cystein ist eine schwefelhaltige Aminosäure.

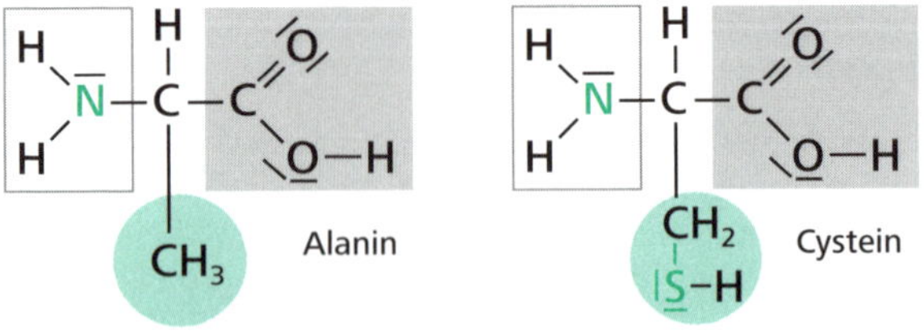

Insgesamt kommen in den Eiweißstoffen bis zu etwa 20 verschiedene Aminosäuren vor.

In Eiweißstoffen sind die darin enthaltenen Aminosäuremoleküle durch ihre funktionellen Gruppen miteinander verknüpft. Verknüpft man *zwei* Aminosäuremoleküle, so erhält man das Molekül von einem ***Dipeptid***.

BEISPIEL

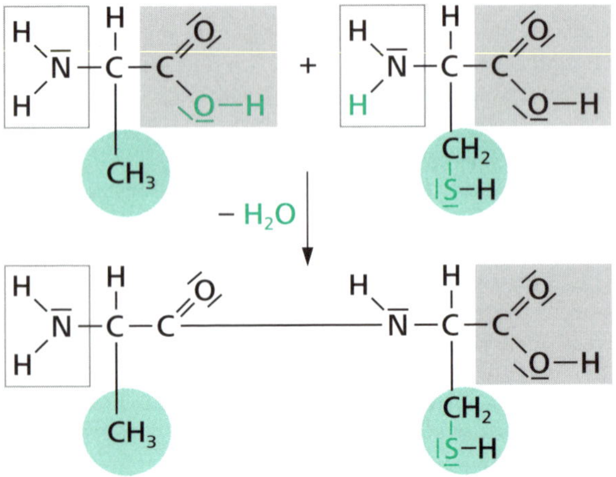

MERKE Beim Verknüpfen von zwei Aminosäuremolekülen entsteht zwischen ihnen eine ***Peptidbindung.***

An beiden „Enden“ des Dipeptidmoleküls können mit weiteren Aminosäuremolekülen weitere Verknüpfungen stattfinden.

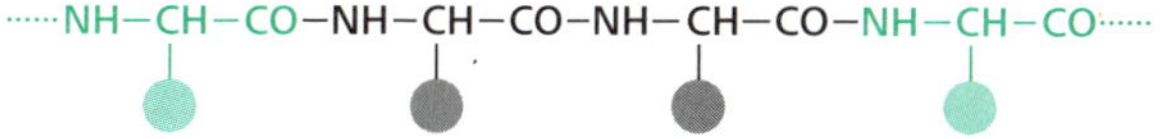

Auf diese Weise entstehen über viele Peptidbindungen lange kettenförmige Moleküle, sogenannte ***Makromoleküle***, die aus bis zu 150 Aminosäuremolekülen bestehen können.

Es gibt eine sehr große Anzahl verschiedener Eiweißstoffe. Das hat mehrere Gründe:

- Die Eiweißstoffe enthalten unterschiedlich viele *Arten* von Aminosäuren.
- Die Kettenlänge der Eiweißmoleküle ist von Stoff zu Stoff verschieden. Dadurch ist auch die *Menge* der gebundenen Aminosäuren unterschiedlich.
- Die Aminosäuremoleküle sind in unterschiedlicher *Reihenfolge* miteinander verknüpft.

BEISPIEL Bereits mit je zwei Molekülen Alanin und Cystein gibt es *vier* verschiedene Kombinationsmöglichkeiten:

Alanin | Alanin | Cystein | Cystein

Cystein | Alanin | Alanin | Cystein

Alanin | Cystein | Alanin | Cystein

Alanin | Cystein | Cystein | Alanin

Zwischen einzelnen Teilen der langen kettenförmigen Eiweißmoleküle oder auch innerhalb eines Moleküls können Wechselwirkungen auftreten, wie z. B. *Wasserstoffbrückenbindungen* (↗ S. 78) oder Bindungen zwischen Schwefelatomen. Aus diesem Grund kommen die Eiweißstoffe in der Natur als sehr kompliziert gebaute Moleküle vor.

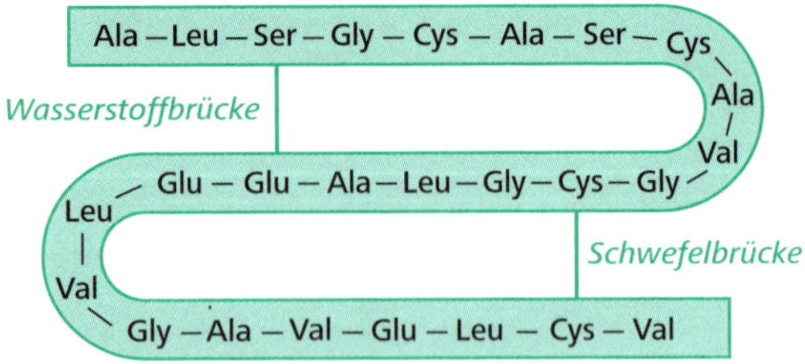

Ala, Leu, Ser, Gly, Cys …

Abkürzungen für verschiedene Aminosäuren

Eigenschaften von Eiweißstoffen

Löslichkeit

Einige wenige Eiweißstoffe sind wasserlöslich. Da die Eiweißmoleküle jedoch sehr groß sind, ist eine Lösung von Eiweißstoffen meist *trüb*.

BEISPIEL Das in Eiern enthaltene Eiklar bildet mit Wasser eine Lösung.

> Lösungen von Makromolekülen in Wasser bezeichnet man als *kolloidale Lösungen*.

MERKE Die Teilchen in kolloiden Lösungen sind größer als die Teilchen in „echten“ Lösungen, aber kleiner als Teilchen in Suspensionen (↗ S. 10).

Die meisten Eiweißstoffe sind jedoch in Wasser *unlöslich*, z. B. der Eiweißstoff Keratin in den Haaren.

Gerinnung

Beim *Erhitzen* von Eiweißstoffen sowie bei Zugabe von *Säuren* wird ihre komplizierte Molekülstruktur zerstört: Das Eiweiß bildet Klumpen, es *gerinnt*.

BEISPIEL Das Eiweiß von Eiern wird beim Kochen hart, das Eiweiß von Milch flockt bei Zugabe von Zitronensaft aus.

> Das Gerinnen ist eine typische Eigenschaft von Eiweißstoffen. Dieser Vorgang ist nicht umkehrbar. Man bezeichnet ihn daher als ***Denaturierung***.

MERKE Die Denaturierung von Eiweiß bedeutet nicht, dass Eiweiß als Nährstoff wertlos wird. Wesentlich sind die im Eiweiß enthaltenen Aminosäuren, die der Organismus für die Produktion von arteigenen Eiweißstoffen benötigt.

7.5 Kunststoffe

Kunststoffe sind Kohlenstoffverbindungen, die aus Makromolekülen (↗ S. 135) bestehen. Man unterscheidet zwei Arten von Kunststoffen:

- *halb*synthetische Kunststoffe, die aus bereits makromolekularen Naturstoffen (↗ S. 124) hergestellt werden,
- *voll*synthetische Kunststoffe, deren Herstellung meist von *Erdöl* ausgeht.

BEISPIEL *Viskose* – Ausgangsmaterial für Textilien – ist ein halbsynthetischer Kunststoff und wird aus Cellulose hergestellt. *Polyester*, die ebenfalls in der Textilindustrie Verwendung finden, sind im Gegensatz dazu vollsynthetische Kunststoffe.

Die vielseitige Verwendbarkeit der heutigen Kunststoffe als Ersatz für herkömmliche Werkstoffe aus *Metall* und *Glas* beruht auf folgenden Eigenschaften:

- Sie lassen sich zu beliebigen Formen verarbeiten.
- Sie sind widerstandsfähig gegen ätzende Chemikalien.
- Sie sind weitgehend bruchfest.
- Sie sind „leicht“, d. h., sie haben eine geringe Dichte.
- Sie haben eine geringe Wärme- und Stromleitfähigkeit.

Neben vielen Vorteilen besitzen Kunststoffe jedoch auch einige Nachteile:

- Sie haben meist eine geringe Temperaturbeständigkeit.
- Sie lösen sich in manchen organischen Lösemitteln.
- Sie haben eine weiche Oberfläche und sind kratzempfindlich.
- Sie laden sich leicht elektrisch auf.
- Beim Erhitzen bzw. Verbrennen entstehen häufig gesundheitsschädliche Gase.
- Kunststoffabfälle zersetzen sich nicht oder nur äußerst langsam und belasten daher die Umwelt.

Herstellung von Kunststoffen

Kunststoffe bestehen aus Makromolekülen, die sich aus vielen kleinen Einzelmolekülen, den *Monomeren*, zusammensetzen. Diese Moleküle haben die Eigenschaft, sich miteinander oder mit anderen Molekülen zu langen Ketten zu verknüpfen.

Je nach Eigenschaft der Monomeren gibt es dazu drei verschiedene Reaktionsarten:

Polymerisation

Ausgangsstoffe für eine Polymerisation sind Stoffe, deren Moleküle eine oder mehrere Doppelbindungen (↗ S. 105) besitzen. Solche Stoffe können sich bei bestimmten Reaktionsbedingungen zu langen Molekülketten verbinden:

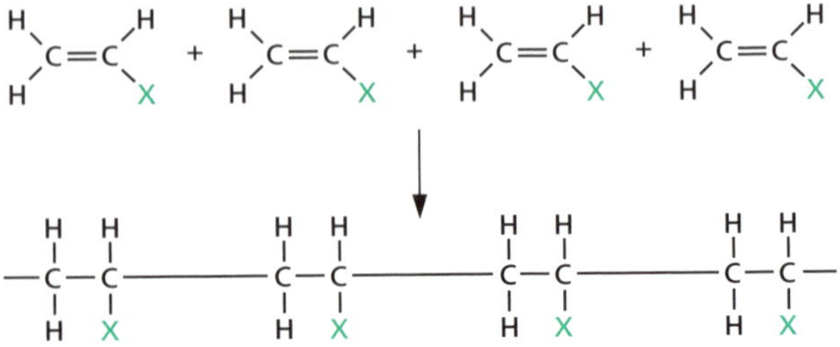

Das „X“ steht für unterschiedliche Atome bzw. Atomgruppen.

BEISPIEL

Ausgangsstoff	Polymerisat (Kurzzeichen)
Ethen (Ethylen)	Polyeth(yl)en (PE)
Chlorethen (Vinylchlorid)	Polyvinylchlorid (PVC)
Butadien	Polybutadien (Kautschuk)

Polykondensation

Für eine ***Polykondensation*** benötigt man jeweils *zwei* Stoffe, deren Moleküle an *beiden* „Enden“ funktionelle Gruppen haben. Die funktionellen Gruppen beider Moleküle reagieren miteinander zu langen Ketten.

BEISPIEL Carbonsäuren (↗ S. 116) mit zwei Carboxylgruppen und Alkohole (↗ S. 110) mit zwei Hydroxylgruppen reagieren zu langkettigen ***Polyestern***.

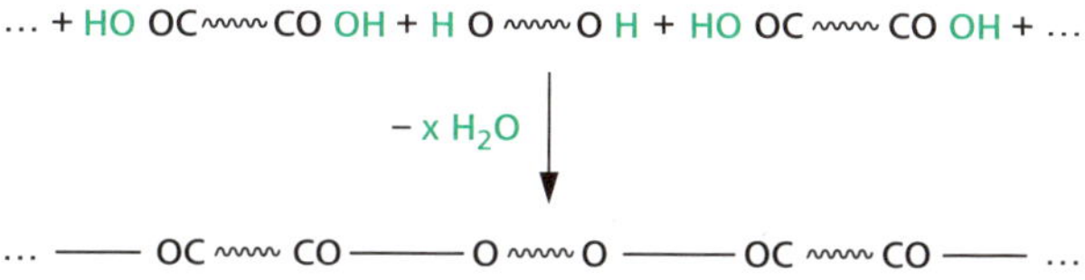

Bei der entsprechenden Reaktion zwischen Carbonsäuren und Stoffen, deren Moleküle zwei Aminogruppen (↗ S. 133) enthalten, entstehen ***Polyamide***.

BEISPIEL

Ausgangsstoffe	Polykondensat (Kurzzeichen)
Terephthalsäure und Ethandiol	Polyethenterephthalat (PET)
Hexandisäure und 1,6-Diaminohexan	Polyamid (PA)

Polyaddition

Die ***Polyaddition*** verläuft ähnlich wie die Polykondensation. Hierbei entstehen allerdings keine Nebenprodukte wie z. B. Wasser, sondern nur die Makromoleküle des Kunststoffs. Zu den Kunststoffen, die durch Polyaddition hergestellt werden, gehören Schaumstoffe, wie z. B. ***Polyurethane***.

Struktur und Eigenschaften von Kunststoffen

Als Ergebnis verschiedener Kunststoffsynthesen entstehen – unabhängig vom Verfahren – lange Molekülketten, die abhängig vom jeweiligen Ausgangsstoff

- mehr oder weniger unverzweigt sind
- oder über Seitenketten mehr oder weniger stark vernetzte Molekülgerüste bilden.

> Nach ihrem Verhalten beim Erhitzen werden Kunststoffe in zwei Gruppen eingeteilt: ***Thermoplaste*** und ***Duroplaste***.

Eine dritte Gruppe, die ***Elastomere***, zeichnet sich durch gummielastische Eigenschaften aus.

Thermoplaste bestehen aus sehr langen, meist unverzweigten Molekülketten. Die einzelnen Molekülketten sind nicht miteinander verbunden.

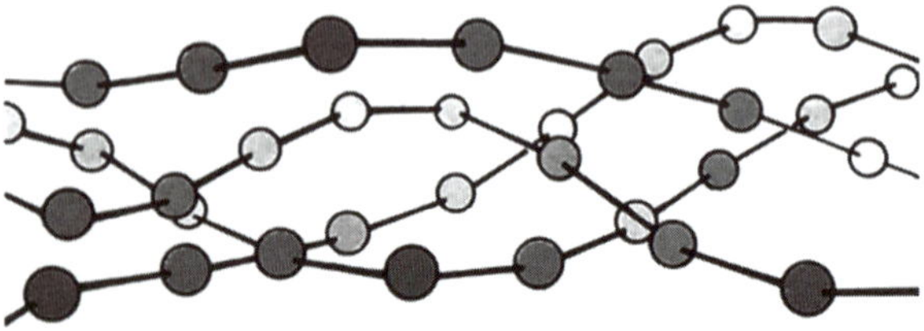

Thermoplaste lassen sich ohne Veränderung der Makromoleküle schmelzen. Sie erweichen beim Erwärmen und sind dann plastisch verformbar. Kühlen sie ab, so erhärten sie wieder.

BEISPIEL

Name	Verwendung
Polyethen (PE)	Plastikbeutel, Eimer, Folien
Polyvinylchlorid (PVC)	Fußbodenbeläge, Schallplatten
Polystyrol (PS)	Schaumstoffe für Verpackungen
Polyethenterephthalat (PET)	Textilfasern, Getränkeflaschen
Polyamide (PA)	Strumpfhosen, Dübel, Angelschnur

Duroplaste bestehen aus eng miteinander vernetzten Makromolekülen. Sie sind nicht schmelzbar, spröde und härter als Thermoplaste.

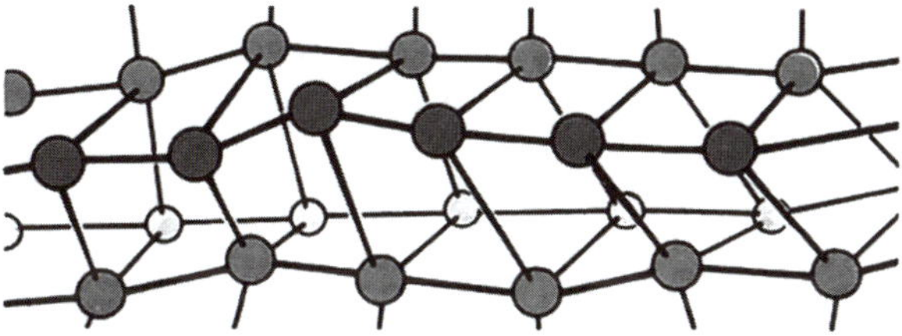

Eine plastische Verformung in der Wärme ist nicht möglich. Bei hohen Temperaturen findet eine Zersetzung statt.

BEISPIEL

Name	Verwendung
Phenoplaste	Gehäuseteile, elektrisches Isoliermaterial
Aminoplaste	Fußbodenbeläge, Schallplatten

Elastomere bestehen aus Makromolekülen, die nur sehr weitmaschig verknüpft sind. Diese Kunststoffe sind daher gummielastisch.

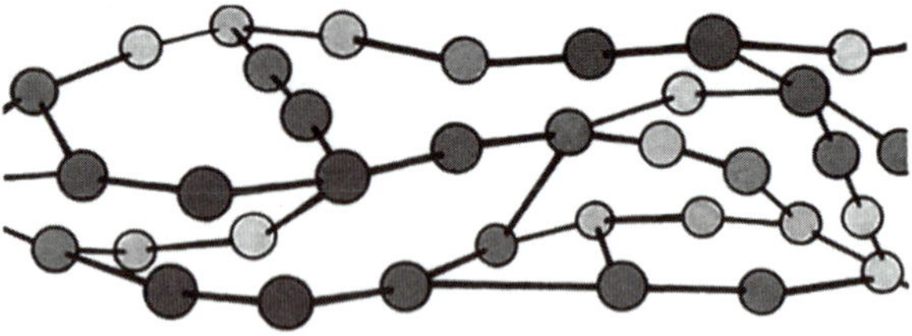

Sie lassen sich durch äußere Krafteinwirkung verformen und nehmen anschließend wieder ihre ursprüngliche Form an. Beim Erhitzen zersetzen sie sich ähnlich wie die Duroplaste.

BEISPIEL

Name	Verwendung
Polyurethan (PU)	Matratzen, Schwammtücher
Kautschuk	Schläuche, Autoreifen

Lerncheck

Kapitel „Naturstoffe, Kunststoffe“	O.K. ✓	Das muss ich noch mal lesen
Ich kann die Struktur und Entstehung eines Fettmoleküls darstellen und erklären.		S. 124, 125
Ich kann die unterschiedlichen Schmelzbereiche von verschiedenen Fetten an jeweils einem Beispiel begründen.		S. 125
Ich kann die Bedeutung von Fetten als Nahrungsmittel beschreiben.		S. 127
Ich kann die Verseifungsreaktion darstellen.		S. 128
Ich kann den Begriff Tensid definieren.		S. 129, 130
Ich kann den allgemeinen Bau von Kohlenhydraten beschreiben und Mono-, Di- und Polysaccharide voneinander unterscheiden.		S. 131, 132
Ich kann die Wasserlöslichkeit von Mono- und Disacchariden begründen.		S. 132, 133
Ich kann die allgemeine Struktur von Proteinen darstellen.		S. 133–136
Ich kann Gründe für die große Vielfalt an Proteinen nennen.		S. 135
Ich kann den Begriff Denaturierung erläutern.		S. 136, 137
Ich kann die Herstellung von Kunststoffen durch Polymerisation, Polykondensation und Polyaddition formulieren.		S. 138–140
Ich kann die drei großen Kunststoffklassen benennen und ihr unterschiedliches Verhalten beim Erhitzen anhand ihrer Molekülstrukturen erläutern.		S. 140–142

8 Chemische Technik

Chemisch-technische Verfahren dienen vorwiegend zur Erzeugung von *Werkstoffen*, wie z. B. Eisen aus Eisenerzen (↗ S. 72) oder Kunst-, Treib- und Farbstoffen und Arzneimitteln aus Erdöl.

Bei den zur Herstellung dieser Produkte notwendigen Rohstoffen unterscheidet man drei Gruppen:
- *mineralische* Rohstoffe, natürliche Bestandteile der Erdkruste, z. B. Eisenerz und Kalk,
- *fossile* Rohstoffe wie Kohle, Erdgas und Erdöl (↗ S. 99),
- *nachwachsende* Rohstoffe, meist aus Pflanzen.

Diese Rohstoffe liegen selten in reiner Form vor und müssen daher von störenden Begleitstoffen getrennt werden.

8.1 Herstellung von Eisen

Eisen ist von allen Metallen das *wichtigste* Gebrauchsmetall. Es wird nur selten in reiner Form verwendet, sondern durch Legieren mit anderen Metallen zu ***Stahl*** verarbeitet.

MERKE Viele Gegenstände im Haushalt, Werkzeuge, Maschinenteile werden aus Stahl hergestellt:

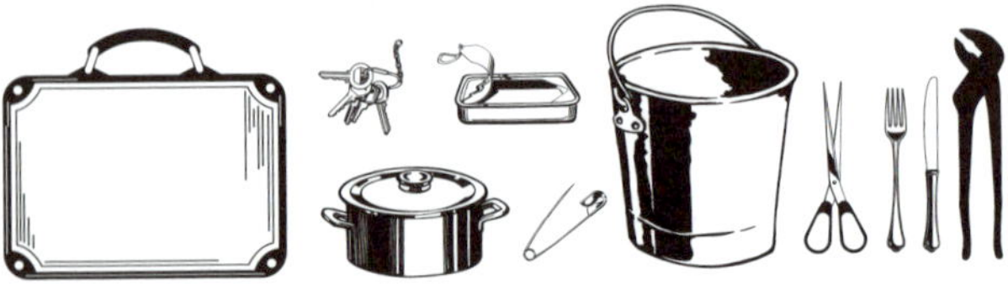

> **Die Ausgangsstoffe zur Herstellung von *Roheisen* sind Eisenerz, Koks, Kalkstein und Sauerstoff (aus der Luft).**

BEACHTE Die Reaktion von Eisenerzen zu Eisen ist immer eine *Reduktion* (↗ S. 71). Das Reduktionsmittel ist hierbei *Kohlenstoff* (in Form von Koks).

Die Reduktion des Eisenerzes erfolgt in einem ***Hochofen***. In diesem finden zwei einander entgegenlaufende Prozesse statt:

- *Oben* wird in regelmäßigen Zeitabständen wechselweise Koks und eine Mischung aus Eisenerz und Kalkstein nachgefüllt, während unten gebildetes ***Roheisen*** und ***Schlacke*** abgestochen werden.
- *Unten* wird ständig heiße Luft eingeblasen. Dabei bilden sich im Verlauf verschiedener Prozesse gasförmige Produkte, die zum Teil *oben* als brennbares ***Gichtgas*** entweichen.

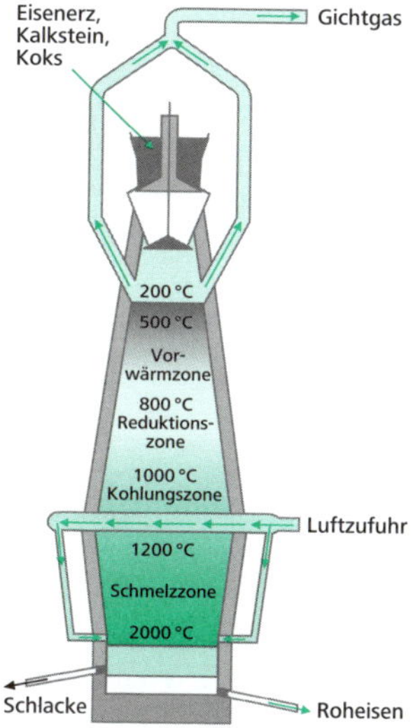

In der **Schmelzzone** reagiert Koks mit dem Sauerstoff der Luft zu Kohlenstoffdioxid.

$C + O_2 \rightarrow CO_2$

In der **Kohlungszone** reagiert Koks mit diesem Kohlenstoffdioxid zu Kohlenstoffmonooxid, das in der Reduktionszone die eigentliche Reduktion des Eisenerzes herbeiführt.

$CO_2 + C \rightarrow 2\ CO$

In der **Reduktionszone** werden die bei der hohen Temperatur aus dem Eisenerz gebildeten Eisenoxide vom aufsteigenden Kohlenstoffmonooxid zu Roheisen reduziert.

$Fe_2O_3 + CO \rightarrow 2\ FeO + CO_2$
$FeO + CO \rightarrow Fe + CO_2$

Die Verunreinigungen der Erze (z.B. Siliziumdioxid) reagieren unterhalb der Schmelzzone mit zugesetztem Kalkstein zu Schlacke und Kohlenstoffdioxid.

$SiO_2 + CaCO_3 \rightarrow CaSiO_3 + CO_2$

8.2 Ammoniaksynthese

Ammoniak ist eine wichtige Stickstoffverbindung zur Herstellung von Stickstoffdüngemitteln und Salpetersäure (↗ S. 147).

Die Ausgangsstoffe zur Herstellung von *Ammoniak* sind die Elemente Stickstoff und Wasserstoff. Die Reaktion verläuft exotherm (↗ S. 51): $N_2 + 3\ H_2 \rightarrow 2\ NH_3$.

MERKE Da die Reaktion zwischen Stickstoff und Wasserstoff nur sehr langsam verläuft, verwendet man für die Ammoniaksynthese einen Katalysator (↗ S. 52).

Die Synthese nach dem ***Haber-Bosch-Verfahren*** findet bei hohem Druck und einer Temperatur von 400 bis 500 °C statt.

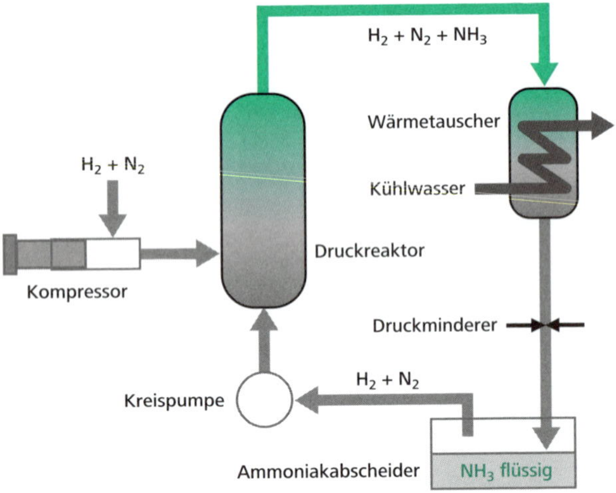

BEACHTE Die Anteile von Stickstoff und Wasserstoff, die im Druckreaktor nicht umgesetzt wurden, werden durch einen *Kreisprozess* wieder in den Reaktor zurückgeführt.

8.3 Herstellung von Salpetersäure und Schwefelsäure

Salpetersäure verwendet man zur Herstellung von Stickstoffdüngemitteln, Sprengstoffen und Farbstoffen. Schwefelsäure ist der wichtigste Grundstoff der chemischen Industrie und dient unter anderem zur Herstellung von Waschmitteln.

MERKE Beide Säuren entstehen durch die Reaktion eines Nichtmetalloxids mit Wasser (↗ S. 85). Die Nichtmetalloxide selbst entstehen durch eine Oxidation mithilfe eines *Katalysators.*

> Die Ausgangsstoffe für die Herstellung von ***Salpetersäure*** sind Ammoniak, Sauerstoff (aus der Luft) und Wasser.

Nach dem ***Ostwald-Verfahren*** wird das in der Ammoniaksynthese (↗ S. 146) hergestellte Ammoniak schrittweise oxidiert.

- Im **Verbrennungsofen** erfolgt die Oxidation von Ammoniak mit Luftsauerstoff an einem Platinkatalysator:
  $4\ NH_3 + 5\ O_2 \rightarrow 4\ NO + 6\ H_2O$.
- Im **Oxidationsturm** reagiert das entstandene Stickstoffmonooxid in Gegenwart von Luftsauerstoff zu Stickstoffdioxid:
  $2\ NO + O_2 \rightarrow 2\ NO_2$.
- Im **Absorptionsgefäß** löst sich das Stickstoffdioxid im Wasser und reagiert in Gegenwart von Luftsauerstoff zu Salpetersäure:
  $4\ NO_2 + 2\ H_2O + O_2 \rightarrow 4\ HNO_3$.

> Die Ausgangsstoffe für die Herstellung von ***Schwefelsäure*** sind Schwefel (bzw. Schwefeldioxid), Sauerstoff (aus der Luft) und Wasser.

Das ***Kontaktverfahren*** verläuft ebenfalls in drei Teilschritten.

- Im **Verbrennungsofen** erfolgt die Oxidation von Schwefel mit Luftsauerstoff zu Schwefeldioxid:
  $S + O_2 \rightarrow SO_2$

8

- Im ***Kontaktofen*** erfolgt die weitere Oxidation des Schwefeldioxids zu Schwefeltrioxid mithilfe eines Katalysators (dem „Kontakt“):
  $2\ SO_2 + O_2 \rightarrow 2\ SO_3$.
- Im ***Absorptionsgefäß*** wird das gebildete Schwefeltrioxid in 96 %iger Schwefelsäure gelöst, da es mit Wasser nur sehr langsam reagiert. Anschließendes Zusetzen von Wasser führt zu 100 %iger Schwefelsäure.

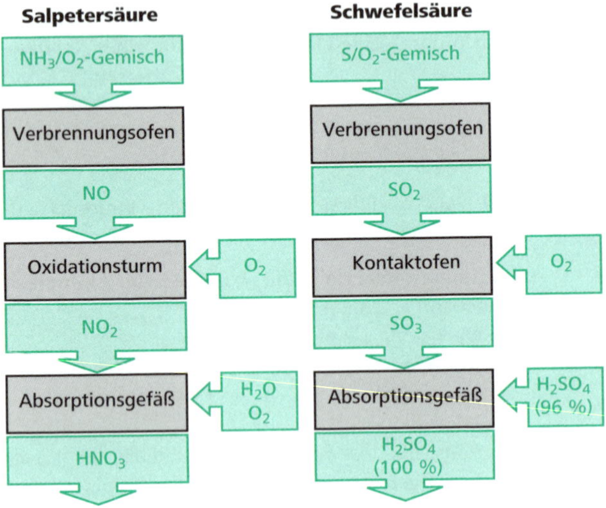

8.4 Aufarbeitung von Erdöl

Kohlenwasserstoffe (↗ S. 100) haben eine große Bedeutung:

- für die Energiewirtschaft, z. B. Benzin und andere Kraftstoffe,
- für die Herstellung petrochemischer Produkte, z. B. Kunststoffe, Farbstoff und Arzneimittel.

Ausgangsstoff für die Gewinnung von Kohlenwasserstoffen ist das ***Erdöl***, ein komplexes Gemisch aus verschiedenen kettenförmigen und ringförmigen Kohlenwasserstoffen. Diese werden durch Destillation von ***Rohöl*** voneinander getrennt.

MERKE Rohöl ist von Wasser, Sand und anderen Verunreinigungen befreites Erdöl.

Bei der Destillation von Rohöl wird dieses nicht in einzelne Kohlenwasserstoffe zerlegt, sondern in *Gemische* mit bestimmten Siedebereichen getrennt.

MERKE Gemische mit bestimmten Siedebereichen bezeichnet man als ***Fraktionen***. Das Verfahren zur Gewinnung dieser Gemische nennt man ***fraktionierte Destillation***.

BEACHTE Langkettige Kohlenwasserstoffe werden unter vermindertem Druck und somit herabgesetzten Siedebereichen in weitere Fraktionen zerlegt.

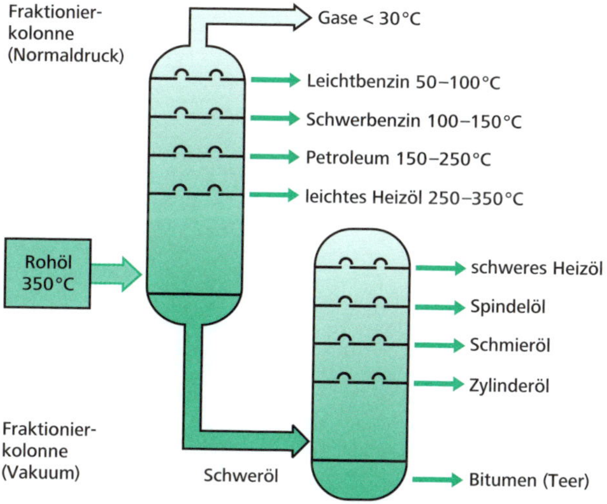

Lerncheck

Kapitel „Chemische Technik“	O. K. ✓	Das muss ich noch mal lesen
Ich kann den Ablauf der großtechnischen Gewinnung von Eisen beschreiben und entsprechende Reaktionsgleichungen formulieren.		S. 145
Ich kann das *Haber-Bosch-Verfahren* zur Gewinnung von Ammoniak in Form einer Skizze darstellen und erklären.		S. 146
Ich kann die Gewinnung von Salpetersäure und Schwefelsäure schematisch darstellen und die einzelnen Reaktionsschritte beschreiben.		S. 147, 148
Ich kann die fraktionierte Destillation am Beispiel der Rohölverarbeitung anhand einer geeigneter Skizze darstellen und erklären.		S. 148, 149
Ich kann die wichtigsten Erdölfraktionen benennen.		S. 149

Anhang

9.1 Musterprotokoll

Thema:

Thema des Versuchs

BEISPIEL *Die Verbrennung von Magnesium*

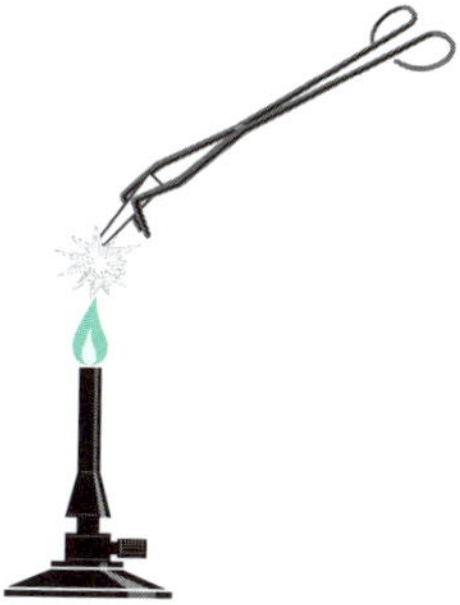

Versuchsaufbau:

Geräte, Chemikalien und Hilfsmittel, ggf. Zeichnung des Versuchsaufbaus

BEISPIEL *Brenner; Magnesiumband; Tiegelzange; Schutzbrille*

Durchführung:

Tätigkeit zur Durchführung des Experiments unter Beachtung der Gefahrenhinweise

BEISPIEL *Das Magnesiumband wird mit der Tiegelzange in die Flamme des Brenners gehalten.*

Beobachtung:

Notieren, was man sehen, hören, fühlen und riechen kann, sowie Ergebnisse von Messungen.

BEISPIEL *Das Magnesiumband entzündet sich und brennt mit heller Flamme. In der Luft schweben weiße Flocken.*

Auswertung:

Erklärung aller Beobachtungen, ggf. Reaktionsgleichungen.

BEISPIEL *Bei hoher Temperatur wird das Magnesiumband entzündet. Es findet eine Verbrennung von Magnesium mit dem Sauerstoff der Luft statt. Die weißen Flocken sind das gebildete Magnesiumoxid. Die Reaktion verläuft stark exotherm. Dies zeigt die helle Flamme bei der Reaktion.*
Reaktionsgleichung: $2\ Mg\ (s) + O_2\ (g) \rightarrow 2\ MgO\ (s)$

9.2 Nachweisreaktionen

Anorganische Nachweise

Kohlenstoffdioxid

Beim Einleiten von Kohlenstoffdioxid in eine wässrige Lösung von Calciumhydroxid (Kalkwasser) bildet sich ein weißer Niederschlag von Calciumcarbonat:
$Ca^{2+} + 2\ OH^- + CO_2 \rightarrow CaCO_3 + H_2O$.

Wasserstoff

Reiner Wasserstoff brennt mit kaum sichtbarer Flamme. Vermischt mit Luftsauerstoff verbrennt Wasserstoff mit einem pfeifenden oder knallenden Geräusch (Knallgasprobe):
$2\ H_2 + O_2 \rightarrow 2\ H_2O$.

Sauerstoff

In Gegenwart von Sauerstoff entzündet sich ein glimmender Holzspan (Glimmspanprobe).

Wasser

Beim Anfeuchten von blauem Cobaltchloridpapier mit Wasser nimmt das Papier eine rosa Farbe an. Der Farbwechsel ist ein Hinweis auf eine Hydratation von Cobaltchlorid.

Sulfate

Eine Lösung von Bariumchlorid bildet mit Sulfaten einen schwer löslichen Niederschlag von Bariumsulfat:

$Ba^{2+} + SO_4^{2-} \rightarrow BaSO_4$.

Chloride

Eine wässrige Lösung von Silbernitrat ergibt mit Chloriden einen weißen, flockigen Niederschlag von Silberchlorid:
$Ag^+ + Cl^- \rightarrow AgCl$.

Carbonate

Beim Auftropfen von Salzsäure auf ein Gestein weist ein Aufschäumen auf Carbonat hin. Es entsteht Kohlenstoffdioxid:
$CaCO_3 + 2\,H^+ \rightarrow Ca^{2+} + H_2O + CO_2$.

Organische Nachweise

Aldehyde

a) Silberspiegelprobe

Beim Erwärmen eines Aldehyds mit ammoniakalischer Silbernitratlösung bildet sich an den Gefäßwänden eine glänzende Schicht von metallischem Silber. Der Aldehyd wird zur Carbonsäure *oxidiert*, Silber-Ionen werden zu Silber reduziert.

b) Fehling'sche Probe

Beim Erwärmen von fehlingscher Lösung mit Aldehyd bildet sich ein ziegelroter Niederschlag von Kupfer(I)-oxid. Kupfer(II)-Ionen wurden durch Aldehyd zu Kupfer(I)-Ionen reduziert.

Fett

Beim starken Erhitzen von Fetten mit Kaliumhydrogensulfat entsteht Acrolein, das einen scharfen Geruch hat.

Stärke

In Gegenwart von Stärke zeigt eine Lösung von elementarem Jod in Kaliumiodidlösung eine typische blaue Färbung.

Eiweiß

Eiweißstoffe zeigen bei Einwirkung von konzentrierter Salpetersäure eine intensiv gelbe Färbung (Xanthoproteinreaktion).

Stichwortverzeichnis